AF514119

J. Geppert

Die Gasanalyse und ihre physiologische Anwendung nach verbesserten Methoden

bremen
university
press

J. Geppert

Die Gasanalyse und ihre physiologische Anwendung nach verbesserten Methoden

ISBN/EAN: 9783955622367

Auflage: 1

Erscheinungsjahr: 2013

Erscheinungsort: Bremen, Deutschland

@ Bremen-university-press in Access Verlag GmbH, Fahrenheitstr. 1, 28359 Bremen. Alle Rechte beim Verlag und bei den jeweiligen Lizenzgebern.

bremen university press

Die Gasanalyse

und

ihre physiologische Anwendung

nach verbesserten Methoden

von

Dr. J. Geppert,

Assistent an der II. medicinischen Klinik.

Mit 1 lithographirten Tafel und 13 Holzschnitten.

Berlin 1885.

Verlag von August Hirschwald.

NW. Unter den Linden 68.

Herrn Professor Dr. E. Leyden

Geh. Med.-Rath

in Verehrung

gewidmet.

Inhalt.

Einleitung.

Allgemein werden jetzt für exacte gasanalytische Untersuchungen die classischen Methoden von Bunsen benutzt. Ihre Einfachheit, Sicherheit, endlich der grosse, für viele Untersuchungen nicht zu entbehrende Vorzug, eine Anzahl Analysen neben einander anstellen zu können, sind gegenüber anderen ebenso exacten Methoden die Ursache ihrer allgemeinen Anwendung gewesen. Indess hat sich seit längerer Zeit schon das Bedürfniss fühlbar gemacht, einige Mängel derselben zu beseitigen. Unter diesen war der fühlbarste die lange Dauer der einzelnen Analysen. Diese Unannehmlichkeit hatte indess auch eine Unsicherheit im Gefolge. Denn eine Wiederholung der einzelnen gasanalytischen Bestimmung unter veränderten Bedingungen, die zur Controle in hohem Grade wünschenswerth ist, nimmt soviel Zeit in Anspruch, dass sie nur selten vorgenommen wurde. Normal-Gasanalysen, deren Wesen ja in der Ermittelung eines aus wiederholten einzelnen Bestimmungen abgeleiteten Mittelwerthes beruht, wurden nur selten angestellt. Lästig war ferner, dass ein eigenes, nur für die Gasanalyse verwendbares Zimmer eingerichtet werden musste. Diese Mängel resultiren zum grössten Theil aus der der Bunsen'schen Methode eigenthümlichen Anordnung, dass die Analyse in Luft und nicht unter Wasser angestellt wird. In Folge dessen findet die Temperaturausgleichung zwischen Apparat und umgebendem Medium nur langsam statt, und einer der wichtigsten Factoren, die Temperatur des analysirten Gases, kann scharf nur unter recht zeitraubenden und unbequemen Vorsichtsmassregeln bestimmt werden.

Es ist bereits im Ludwig'schen Laboratorium versucht worden, die Analyse unter Wasser zu versenken und dadurch die Schwierigkeiten der Temperaturregulirung zu vermeiden. Indess der Ludwig'sche Apparat verursachte eine Reihe neuer Complicationen und ist daher nicht allgemein in Gebrauch genommen worden. Die nothwendigste Verbesserung, die gefunden werden musste, war demnach, eine einfache Methode zu construiren, nach der mit Leichtigkeit die Analysenapparate unter Wasser gesetzt und die einzelne Bestimmung schnell wiederholt werden konnte. Eine solche ist vor einigen Jahren kurz von mir publicirt worden*). Ihre ausführlichere Darstellung und Begründung ist in den ersten Capiteln dieser Abhandlung gegeben. Ausser dieser principiell wichtigsten sind dann noch eine Anzahl anderer Verbesserungen eingeführt, die sich der Hauptsache nach theils auf Abkürzungen, theils auf Verschärfungen der bekannten Methoden beziehen. Es sind dies die in den späteren Capiteln beschriebenen Methoden der Meniscusbestimmung, Calibrirung und Berechnung etc. Speciell physiologischen Zwecken, einer Vereinfachung der Blutgasbestimmung, ist das VI. Capitel gewidmet.

I.

Das Princip der Methode.

Die wesentlichste Aufgabe einer jeden exacten gasanalytischen Methode ist: Druck, Volumen und Temperatur eines in einem Eudiometer oder einer Glocke abgesperrten, unter einer bestimmten Dampftension stehenden Gases festzustellen. Es ist nun bei geeigneter Anordnung möglich, Druck und Volumen desselben durch zwei Ablesungen zu bestimmen.

Man stelle in einer Quecksilberwanne ein Gefässbarometer (Fig 1, B) und ein mit trockenem Gas gefülltes langes Eudiometer E senkrecht auf. Nunmehr visirt man vom Punkt z aus vermittelst eines wagerecht stehenden Fernrohres durch das Eudiometer hindurch nach dem Barometermeniscus und liest den Stand desselben an der Eudiometerscala ab. Es sei dieser Punkt der Strich a der Scala. Wenn dann der Meniscus des Quecksilbers im Eudiometer bei dem Scalastrich b steht, so ist b—a der Druck, der auf dem Gase liegt. Die Ablesung b giebt aber zu gleicher Zeit auch das Volumen des Gases. Beide Ablesungen sind bei geeigneter Anordnung leicht ausführbar.

---

*) J. Geppert, Eine Verbesserung der gasanalytischen Methoden. Berichte d. deutsch. chem. Gesellsch., Jahrg. XV, Heft 15. Berlin 1882.

Der Vortheil gegenüber dem Bunsen'schen Verfahren liegt zunächst in der Reduction der Zahl der Ablesungen von vier (zwei am Barometer, zwei am Eudiometer) auf zwei und in der Vermeidung der oft schwierigen unteren Ablesung am Eudiometer. Der Hauptwerth der Methode aber ist, dass, wenn die so eingerichtete Analyse unter Wasser versenkt wird, der Druck der Wasserschicht über dem Quecksilberspiegel der Wanne in gleicher Weise auf den Quecksilberstand im Eudiometer wie im Barometer wirkt. Auch unter Wasser sind durch zwei Ablesungen (b—a) Druck und Volumen des Gases im Eudiometer bestimmt.

Fig. 1.

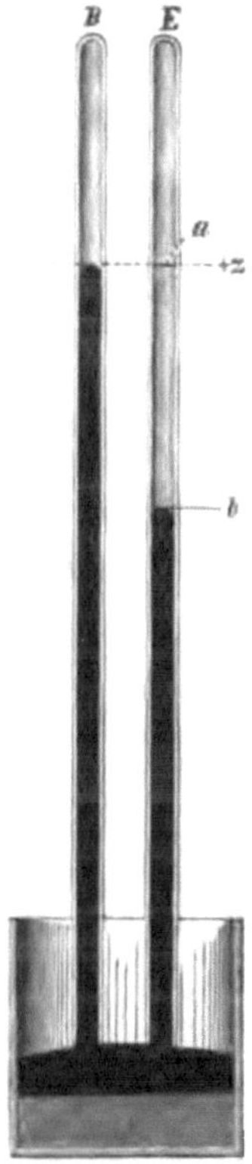

Als principielle Aenderung möchte ich ferner anführen, dass bei den meisten Analysen jetzt das Vacuum des Barometers befeuchtet wird. Wir analysiren die Gase meist nicht, wie oben der Einfachheit wegen angenommen, in Trockenheit, sondern unter der Dampfspannung von Wasser, Lauge, Alkohol u. s. f.

Bisher war es nöthig, genau die Grösse der Dampfspannung der angewandten Lösung zu kennen und diese Zahl von dem auf dem Gase liegenden Druck abzuziehen. Jetzt braucht nur eine Quantität der gleichen Flüssigkeit in das Barometer wie in das Eudiometer gebracht zu werden, so stehen Vacuum und Gas unter gleicher Dampfspannung und die Correctur ist umgangen. Vor Allem ist es aber nunmehr möglich, jede beliebige Flüssigkeit von unbekannter Dampfspannung in das Eudiometer einzuführen, wenn nur das Barometer mit derselben armirt ist.

II.

Barometer und Eudiometer weichen erheblich von den bisher gebrauchten ab.

Das Barometer.

Die Construction des Barometers ist eine sehr einfache. Zunächst ist ersichtlich, dass es eine solche Theilung, wie sie sonst üblich ist, nicht zu tragen braucht, denn sein Meniscus wird an der Eudiometerscala abgelesen. Dann ist es nicht nothwendig, dass dasselbe mit den Vorsichtsmassregeln hergestellt wird, die sonst angewandt werden müssen. Denn eine der grössten Schwierigkeiten, absolute Trockenheit des Vacuums, ist hier nicht erforderlich. Die einzige wesentliche Aufgabe war die, dem Barometer eine Gestalt zu geben, dass es nicht die Ablesung des Eudiometermeniscus unmöglich macht, da es, hinter dem Eudiometer stehend, Scala und Meniscus desselben leicht beschatten kann. Daher wurde ihm die nebenstehende Form verliehen (Fig. 2a). Sein unterster Theil A besteht aus einer etwa $^1/_2$ Cm. breiten Glasröhre. Diese setzt sich nach oben in zwei ebenso weite Röhren (B $B_{,}$) fort, die zwischen sich einen Raum von $2^1/_2$ Cm. Breite lassen. Das Barometer wird so gestellt, dass das Eudiometer vor diesem freien Raum zwischen B und $B_{,}$ zu stehen kommt. Oben laufen diese in eine andere, etwa 1,5—2 Cm. breite Röhre (C) zusammen. In Theil C befindet sich der Meniscus. Oben ist auf C noch eine kurze, starkwandige Glasröhre von etwa 2 Mm. Lumen aufgesetzt (D). D trägt eine Theilung in Millimetern, C in Centimetern.

Fig. 2a. Fig. 2b.

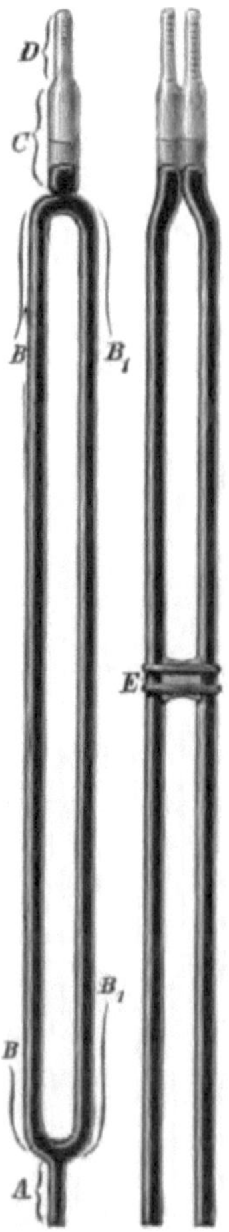

Eventuell ist es nöthig, bei Analysen neben einander zwei Barometer, mit verschiedenen Flüssigkeiten armirt, anzuwenden. Dann ist die zweite oben gezeichnete Form (Fig. 2b) vorzuziehen. Das eine Barometer ist in zwei zerlegt, die sich derart ergänzen, dass sie zwischen sich einen ähnlichen Zwischenraum lassen, wie die Schenkel B B, des ersten. Beide Barometer werden nach der Füllung mit dem dem Theil C des ersten Barometers entsprechenden Stück an einander gekoppelt, am besten unter Zwischenschiebung von Korkplatten (E).

Es ist leicht, ein solches Barometer für den Gebrauch in Stand zu setzen. Man füllt es zunächst zum grössten Theil mit der Flüssigkeit, deren Dampfspannung nachher im Vacuum herrschen soll und kalibrirt dann D und C annähernd genau mit Quecksilber aus, und zwar D mit einer feinen (1 Ccm. fassenden), C mit einer grösseren Pipette. Da das Barometer zum grössten Theil mit Flüssigkeit gefüllt ist, sammelt sich das Quecksilber beim Calibriren leicht und vollständig am Boden. Alsdann wird die im Barometer befindliche Flüssigkeit bis auf einige Cubikcentimeter durch Hineingiessen von Quecksilber verdrängt. Nun verschliesst man mit dem Finger die Oeffnung des Barometers, kehrt es um und setzt es in Quecksilber. Sofort bildet sich oben das Vacuum, in das zunächst eine grosse Menge Luftblasen aufsteigen. Nach dem diese sich gesammelt, neigt man das Barometer, verschliesst es mit dem Finger, kehrt es um, lässt die Luft heraus, füllt statt ihrer Quecksilber oder Flüssigkeit nach und wiederholt die Procedur. Nach zwei bis dreimaliger Wiederholung bleibt bei der Neigung des Barometers eine sehr kleine Luftblase übrig. Man lässt zum Schluss soviel Flüssigkeit im Barometer, dass sie im Theil C eine 3—4 mm hohe Schicht ausmacht.

Um zu bestimmen, wie gross der Fehler des Barometers ist, d. h. also, welchen Druck die Luftblase im Vacuum ausübt, verfährt man folgendermassen: Das Barometer wird schräg gestellt, die Luftblase in den Theil D getrieben und dann das Barometer in dieser Stellung befestigt. Alsdann wird mit dem blossen Auge die Länge der Luftblase in D und dann nach der Calibrirung ihr Volumen bestimmt. Der Druck, unter dem sie steht, ist die Höhe des Quecksilbermeniscus im Barometer über dem Quecksilberspiegel der Wanne. Man bestimmt ihn einfach so, dass man das Fadenkreuz eines Kathetometerfernrohres zunächst auf den Barometermeniscus und dann auf den Quecksilberspiegel der Wanne einstellt. Die Differenz beider Ablesungen am Kathetometer giebt die gesuchte Höhe. Hat man kein Kathetometer, so genügt es vollkommen, das Fernrohr in ein ungefähr senkrechtes Stativ einzuspannen und die Differenz der Stände mit dem Zollstock zu bestimmen.

Bei der Analyse befindet sich der Barometermiscus in C, und

zwar hat man es in der Hand, denselben durch Heben und Senken des Barometers stets ungefähr an dieselbe Stelle von C zu verlegen. Die diesem Punkte entsprechende Scalaablesung ergiebt nach der Calibrirung den Raum, den die Luftblase während der Analyse einnimmt, und es ist nun aus den gegebenen Daten nach dem Gay-Lussac'schen Gesetz leicht berechnet, wie gross ihr Druck im Vacuum ist. Ist das Volumen der Luftblase im schiefstehenden Barometer v, der zugehörige Druck = d und ist ihr Volumen im senkrecht stehenden Rohr = $v_{,}$, so ist der gesuchte Druck $d_{,}$ (der Fehler des Barometers)

$$d_{,} = \frac{v \cdot d}{v_{,}}.$$

Die Grösse der Luftblase ist stets so gering, dass die gewöhnlichen Temperaturschwankungen bei dieser Berechnung vernachlässigt werden können. Alle Ablesungen brauchen nur annähernd richtig zu sein. Meist findet man, dass die Luftblase, wenn der Meniscus in den unteren Theil von C verlegt wird, einen Druck von 0,01, höchstens 0,02 Cm. Quecksilber ausmacht, eine Grösse, die fast immer vernachlässigt werden kann.

Fig. 3.

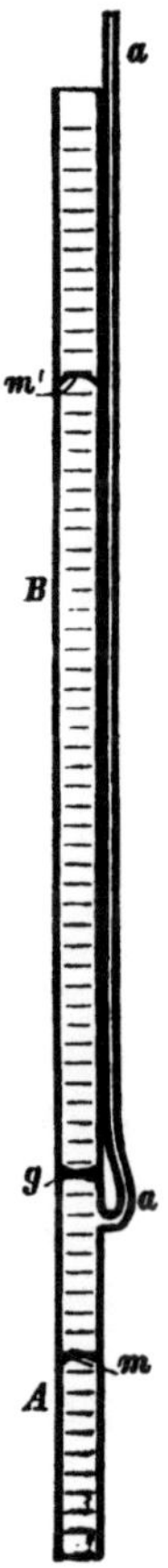

Eine sehr wesentliche Frage war selbstverständlich, ob ein so construirtes Barometer ebenso richtig zeige, unter den nöthigen Correcturen, wie ein gutes gewöhnliches Barometer. Ich habe eine Reihe solcher Controlbestimmungen gemacht nach folgender Methode:

Das Vacuum meines Barometers war mit Wasserdampf gefüllt. Vor das Barometer wird ein Rohr gestellt, wie es nebenstehende Zeichnung angiebt (Fig. 3): Es besteht aus zwei von einander durch die Glaskuppe g vollkommen getrennten Theilen A und B. A communicirt mit der Luft noch durch das Rohr a. A und B tragen eine fortlaufende Theilung in halben Millimetern. Das Rohr wird senkrecht mit dem Theil A voran in eine Quecksilberwanne vor das Barometer gestellt und nun werden beide unter Wasser gesetzt in der Weise, wie es später ausführlich bei der Gasanalyse beschrieben werden wird. Das Rohr nimmt die Stelle des Eudiometers ein. Alsdann steigt in A das Hg, bis es den äusseren Wasserdruck äquilibrirt (m); die Luft in A entweicht durch das Seitenrohr a, dessen obere Mündung über dem Wasserspiegel bleibt. Um dieselbe Höhe wie in A steigt das Quecksilber im Barometer. Um möglichste Gleichheit der Menisken in A und im Barometer herzustellen, bringt man auch etwas Wasser auf den Meniscus in A. Nunmehr liest man mit dem wagerechten Fernrohr den Stand des Barometers an der Scala von B und den Meniscus des Quecksilber im Rohr an der Scala von A ab (m und $m_{,}$) und bestimmt mit dem Fernrohr die Höhen der Wassersäulen im Barometer und in A. Alsdann wird die Wassertemperatur sorgfältig abgelesen. Die Differenz der Ablesungen m und $m_{,}$ giebt die Länge einer Quecksilbersäule, zu der vor Allem noch die Tension des Wasserdampfes zu addiren ist, um annähernd den richtigen Barometerstand zu erhalten. Berücksichtigt man dann noch die Correcturen, die durch die verschiedene Höhe der Wassersäulen in A und im Barometer und durch die Reduction der Quecksilbersäule auf 0° nöthig werden, sowie den Fehler des Barometers, so muss man den richtigen Barometerstand auf 0° reducirt erhalten.

Es wurde an meinem Barometer jedesmal eine Doppelbestimmung gemacht, zwischen welche die Ablesung am gewöhnlichen Barometer eingeschoben wurde. Die Zahlen, die ich erhielt, sind folgende:

	gewöhnliches Barometer	feuchtes Barometer	Mittel
15. März 1 Uhr	76,807	76,816 76,834	76,825.
16. - 1 -	76,655	76,654 76,672	76,663.
17. - 1 -	76,356	76,322 76,345	76,334.
18. - 1 -	76,204	76,186 76,181	76,184.

Die Zehntelmillimeter wurden bei diesen sowie überhaupt bei sämmtlichen Untersuchungen, von denen berichtet werden wird, durch Schätzung bestimmt. Die Uebereinstimmung beider Reihen geht demnach so weit, als sie bei diesem Ablesungsmodus gehen konnte: die Abweichungen liegen innerhalb der Fehlerquellen der Beobachtung.

Das Eudiometer.

Am Eudiometer mussten einige Veränderungen vorgenommen werden, um eine sichere Ablesung des Barometermeniscus an der Eudiometerscala zu ermöglichen. Denn abgesehen davon, dass häufig feine Niederschläge auf der inneren Wand des Eudiometers die Ablesung hindern, erscheint ein Meniscus, durch ein gasgefülltes Glasrohr betrachtet, eigenthümlich verzerrt. Füllt man jedoch dieses Rohr mit Wasser, so erhält man eine sehr schöne, scharfe Ablesung. Daher wurde dem Eudiometer folgende Construction gegeben (Fig. 4): Das Eudiometer besteht aus zwei Theilen A und B, die vollkommen von einander durch die eingeschmolzene Kuppe a getrennt sind. In den unteren Theil A kommt das zu analysirende Gas; A stellt demnach das frühere Eudiometer dar. In den oberen Theil B, der sich in der Höhe des Barometermeniscus befindet, wird Wasser gethan. Da nun das ganze Eudiometer bei der Analyse unter Wasser versenkt wird, so ist es nur nöthig, bei c eine kleinere Oeffnung in die Wand von B machen zu lassen, um den ganzen Theil ohne Weiteres mit Wasser zu füllen.

Fig 4.

An die Platindrähte des Eudiometers werden lange, neben dem Eudiometer aufsteigende, mit Kautschuk überkleidete Kupferdrähte angelötet oder mit Platindraht befestigt und mit Kautschukfäden gegen das Eudiometer angezogen.

Das Rohr für das Eudiometer muss mit dem Tasterzirkel geprüft sein. Sind bedeutendere Unebenheiten vorhanden, so ist es zu verwerfen. Nur einzelne Röhren sind unter einer grösseren Zahl brauchbar.

Die Scala (eine Theilung in halben Millimetern) muss recht fein geätzt*) und die Striche nicht zu lang sein, damit die Zahlen recht weit nach vorn zu stehen kommen. Sehr zweckmässig ist es, den oberen Theil des Eudiometers (B) auf der entgegengesetzten Seite theilen zu lassen, als das übrige Eudiometer. Durch diese Anordnung wird die Scala dem Barometermeniscus, der an ihr abgelesen werden soll, möglichst nahe gerückt. Die Zahlen der Scala werden auf den Theil B mit Spiegelschrift geschrieben.

Zum Schluss habe ich noch Einiges anzuführen über die Methoden, das Eudiometer für die Analyse u. s. w. senkrecht einzustellen. Bei der Einklemmung im Stativ war dies stets ein mühsamer Akt. Ich

*) Die bei Besprechung der Meniscusuntersuchungen beschriebenen Beleuchtungsapparate gestatten die Ablesung an sehr fein geäzten Theilungen.

zog daher vor, das Eudiometer senkrecht zu hängen. Es ist dies bei der eben beschriebenen Form des Eudiometers leicht durchführbar. In einem Gummistopfen mit centraler Bohrung wird ein starker Bindfaden befestigt, der Gummistopfen in die oben offene Eudiometer-Mündung fest eingesetzt und das Eudiometer hängt am Bindfaden senkrecht. Noch bequemer ist folgende Construction: Die obere Mündung des Eudiometers trägt einen Rand (Fig. 4, R). An diesem Rand markirt man zwei sich genau gegenüberliegende Punkte. Man befestigt die beiden Enden eines etwa 10 Cm. langen starken Bindfadens oder Drahtes zunächst vermittelst eines Gummiringes an das Eudiometer, bringt dann die Enden des Bindfadens an die vorher markirten Punkte des Randes und umwickelt die Enden mit Draht oder Kautschukfäden. An die Mitte der Schleife greift dann die Schnur an, an der das Eudiometer hängt. An das Ende dieser Schnur ist ein kurzer Haken befestigt; der umgebogene Theil desselben muss eng sein, damit die Schleife des Eudiometers in demselben festgehalten wird, auch wenn das Eudiometer aufsteht und die Schnur locker hängt.

Am Theil D des Barometers befindet sich eine ähnliche Schleife. Dieselbe muss möglichst kurz sein. Denn wie später auseinandergesetzt wird, wird das Barometer mit dieser Schleife an einem festen Punkt aufgehängt und darf alsdann keine Torsionsfähigkeit mehr haben.

Das Absorptionsrohr.

Seltener als früher wird jetzt das Absorptionsrohr gebraucht, seitdem man die Methode kennt, im Eudiometer selbst durch Flüssigkeiten zu absorbiren.

Jetzt wird es in erweitertem Umfange möglich sein, Flüssigkeiten bei der Gasanalyse zur Absorption zu verwenden.

Seitdem ausserdem Bunsen die Methode angegeben hat, aus einem Eudiometer Gase in ein anderes überzuführen, wird man häufig vorziehen, im Eudiometer die Absorption mit festen Substanzen vorzunehmen, zumal durch eine kleine, später zu erwähnende Einrichtung die Einführung auch sehr langer Drähte in das Eudiometer jetzt sehr erleichtert ist. Sollte es indess doch noch wünschenswerth sein, das Absorptionsrohr anzuwenden, so gestattet folgende Construction die Anwendung der geschilderten Ablesungsmethode:

Das Absorptionsrohr (Fig. 5) besteht aus zwei Theilen (A und B).

Fig. 5.

Der untere Theil A hat die Länge eines gewöhnlichen Absorptionsrohres, trägt jedoch einen Fortsatz (C) am oberen Ende, der mit Schliff versehen ist (chraffirte Stelle). Auf diesen Schliff passt ein anderer genau, der sich nach oben in das Rohr B fortsetzt. B und A tragen eine fortlaufende Theilung. Bei der Analyse wird B gegen A fest angedrückt. Zu diesem Zweck ist folgende Construction gewählt: Ueber dem Schliff von B und unter dem Schliff von A ist je ein Drahtring befestigt. Beide werden durch zwei Spiralfedern verbunden. Diese sind am oberen Ring dauernd befestigt, dagegen vom unteren abhakbar. Sind sie in den unteren Ring eingehakt, so wird Theil A gegen B angepresst. Der Barometermeniscus wird an B abgelesen. B füllt sich durch eine Seitenöffnung in der Wand mit Wasser. Die Richtigkeit der Scala wird durch Einschaltung des Schliffes nicht geändert, wovon man sich leicht überzeugen kann. Am einfachsten ist es, zu diesem Zweck in zwei entsprechende Stellen der Schliffe beider Theile zwei feine Striche so einätzen zu lassen, dass sie im Fernrohr bei senkrechter Stellung des Absorptionsrohres und über einander geschobenen Schliffen wie ein Strich erscheinen. Ich habe nie feststellen können, dass eine nachweisbare Verschiebung beider Striche gegen einander stattgefunden hätte. Der Schliff wird schwach mit Vaselin geschmiert. Sollen nun Gase aus dem Absorptionsrohr abgefüllt werden, so wird der Theil B abgenommen.

III.

Der Beleuchtungsapparat für die Ablesungen.

Die bisher geschilderten Methoden d. h. also im Wesentlichen die Einführung des neuen Barometers mit den an diese sich anknüpfenden Consequenzen ermöglichen eine sehr genaue Druckbestimmung des zu analysirenden Gases. Die einzige Voraussetzung ist, dass die nöthigen Ablesungen an den Menisken hinreichend scharf sind. Diese nothwendige Vorbedingung ist bisher in der Gasanalyse nicht immer hinreichend beachtet. Ihre Erfüllung ist die Voraussetzung auch für die später besprochenen Methoden der Calibrirung und Meniskenbestimmung. Daher sei es mir gestattet, hier einige Worte über die bei den Ablesungen in Anwendung kommenden Vorsichtsmassregeln zu sagen.

Stets, und bis jetzt ausschliesslich, wird bei der Gasanalyse die Kuppe des beobachteten Meniscus abgelesen. Nun ist aber gerade an der Kuppe die Spiegelung und Brechung des Lichtes eine so eigenthümliche, dass man ohne Vorsichtsmassregeln den höchsten resp. bei adhärirenden Flüssigkeiten tiefsten Punkt derselben meist nicht zu sehen bekommt. Am auffallendsten ist dies beim Quecksilbermeniscus. Bei auffallendem Licht spiegelt der obere Theil desselben. Im Fernrohr glaubt man die schwarze Kuppe zu erkennen. In Wahrheit sieht man nur die Grenzlinie, die den spiegelnden vom dunklen Theil trennt. Der Fehler beträgt gewöhnlich 0,2 mm, steigt aber manchmal bis gegen 0,4 mm. Man vermeidet ihn, wenn man in der von Barometerablesungen her bekannten Weise das Licht durch einen Schirm abblendet. Dieser Schirm besteht aus drei unter einander befindlichen Streifen Seidenpapier, von etwa 4 Cm. Höhe und 15 Cm. Breite, das mittelste ist weiss, das obere und untere schwarz. Der Schirm wird so eingestellt, dass die obere Grenze des weissen oder des unteren schwarzen Seidenpapiers sich hinter dem Meniscus befindet. Im ersten Fall präsentirt sich die Meniscuskuppe schwarz auf matt weissem Felde, im zweiten matt silberglänzend auf schwarzem Felde. Indess unter vielen Umständen reicht diese einfache Methode nicht aus. Schönere Bilder giebt auch noch unter ungünstigeren Beleuchtungsverhältnissen folgender Apparat: Man nimmt einen Stehkolben (G der Tafel) von mindestens 20 Cm Durchmesser, füllt ihn mit Wasser und beklebt die eine Halbkugel derart, dass unten über dem Boden nur ein schmaler, etwa 4 Cm hoher Streifen übrig bleibt. Die Beklebung besteht in ihrem obern Theil aus schwarzem, undurchsichtigem Papier. Auf dieses folgt ein etwa 4 Cm hoher Streif weissen Seidenpapieres, in Oel getaucht, und dann wieder ein Streifen schwarzes Papier. Man hat demnach bei dieser Anordnung vier Schichten, oben eine sehr hohe dunkle, dann eine 4 Cm hohe mattglänzende, dann eine schwarze und endlich ganz unten eine hell leuchtende. Man stellt auf dieselbe Weise ein, wie es eben für den Schirm beschrieben ist. Die nicht beklebte hell glänzende Fläche wird statt der weissen verwandt, sobald die Beleuchtung nicht mehr ausreicht, wie es an dunklen Tagen häufig genug vorkommt. Namentlich bei der Analyse unter Wasser ist diese Vorrichtung sehr empfehlenswerth. Die Menisken der durchsichtigen Flüssigkeiten stellt man so ein, dass der untere Rand des weissen Papieres oder des hellleuchtenden Glasstreifens sich hinter der Kuppe befindet. Eine sehr schöne Ablesung an Menisken durchsichtiger Flüssigkeiten kann man ferner erhalten, wenn man den oberen Rand des hellglänzenden Glasstreifens dicht unter die Kuppe einstellt. Man sieht dann auch noch den Scalastrich, der direkt vor dem Meniscus steht und sonst meist nicht deutlich sichtbar wird. Die Schätzung der Zehntel Millimeter wird dadurch sicherer.

Bei sehr feinen Bestimmungen muss auch die Höhe des Meniscus, d. h. die an der Scala abgelesene Höhendifferenz von Meniscuskuppe und Rand, ermittelt werden. Der Rand der Menisken (die Linie, mit der der Meniscus die Glaswand berührt), wird in etwas anderer Weise, als die Kuppe bestimmt. Beim Quecksilbermeniscus genügt die Ablesung mit blossem Auge; eventuell hält man noch ein weisses Blatt, bis zur Höhe des Meniscus hinaufreichend, vor die Scala. Der Meniscus muss schwarz, die Quecksilbersäule weiss aussehen. Das Blatt darf nicht zu hoch stehen, da dann auch die unteren Theile des Meniscus weissglänzend erscheinen. Diese Vorsicht ist namentlich zu beachten, wenn noch eine andere Flüssigkeit sich über dem Quecksilber befindet. Bei der Analyse, wenn das Eudiometer sich unter Wasser befindet, ist es bequemer, vor das Eudiometer einen Spiegel zu stellen, der sich in einem Kugelgelenk dreht (Reflector des Kehlkopfspiegels). Der Spiegel erhält eine solche Drehung, dass er von unten her das Licht gegen die Eudiometerwand wirft. Die Quecksilbersäule erscheint dann stark glänzend, der Glanz hört genau an der Stelle auf, wo der Meniscus sich von der Glaswand abhebt. (Eine andere Methode der Ablesung kann erst weiter unten besprochen werden.)

Der Rand der übrigen Menisken wird stets mit dem Fernrohr unter Zuhilfenahme des beschriebenen Beleuchtungsapparates abgelesen. Er wird eingestellt, wie der Flüssigkeitsmeniscus und erscheint dann als scharfe, sicher ablesbare Linie.

Die Calibrirung.

Die Calibrirung und Berechnung eines Eudiometers war bisher ziemlich unbequem und zeitraubend. Es ist mir gelungen, Methoden zu finden, die mit grosser Sicherheit und Schnelligkeit zum Ziele führen.

Der Calibrirapparat (Fig. 6) besteht aus drei Theilen, der oberen Glocke A (etwa 200 Ccm. fassend), der unteren (C), die das eigentliche Calibrirgefäss darstellt, und einem zwischen beide eingeschalteten Hahne (B) mit Längs- und Querbohrung. Die Querbohrung vermittelt die Communication von C nach A, die Längsbohrung von C nach der äusseren Luft. A trägt oben einen Glasaufsatz, in dem ein Stopfen (K) sich befindet. Der Raum C läuft nach unten in eine Capillare von etwa 1 Mm. Lichtung aus; die Mündung muss etwa

Fig. 6.

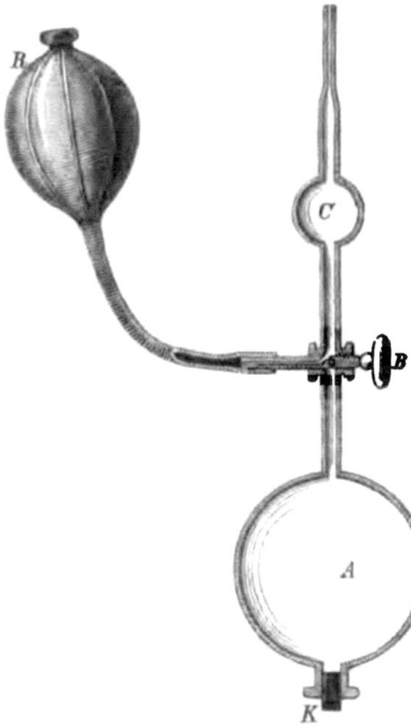

$^1/_2$ Mm. weit sein. Die Bohrungen des Stopfens B können eng sein, hingegen müssen die zu A und C gehörigen Bohrungen der Hahnfassung ein weites Lumen besitzen (etwa 4 Mm.), damit man eventuell nach Herausnahme der Stopfen K und B von oben her zur Reinigung mit einer Federfahne durch beide Bohrungen hindurch von A nach C fahren kann.

Ist viel Quecksilber durch den Apparat gegangen, so legt sich feiner Staub an die Wand desselben, namentlich an den Theil dicht über der Capillare; er wird am sichersten vermittelst einer in Aether getauchten Federfahne beseitigt. Die Reinigung des Apparates ist im Uebrigen dieselbe, wie die der Eudiometer, auf die ich später zu sprechen komme.

Die Füllung des Apparates kann auf zwei Weisen geschehen:

1. Die obere Kugel A wird vor der Wasserstrahlpumpe oder sonst irgendwie von der Capillare aus evacuirt und dann in sich abgeschlossen. Alsdann fasst man den Apparat bei der Kuppe A an, taucht die Spitze von C in Quecksilber und stellt vorsichtig Communication zwischen A und C vermittelst der Querbohrung von B her. Das Quecksilber in C steigt langsam*) auf und legt sich glatt an die Wand an. Ist es bis zum Stopfen B gekommen, so dreht man diesen ein klein wenig hin und her, so dass die untere Oeffnung der Querbohrung über das Lumen der Hahnfassung hin und her geführt wird, damit alle anhaftenden Luftblasen nach oben hinauf gerissen werden. Alsdann schliesst man den Hahn B vollkommen nach allen Seiten hin, und zwar so, dass die untere Mündung der Quer- und die innere der Längsbohrung die nach C führende Oeffnung in der Hahnfassung zwischen sich schliessen. Zieht man jetzt den Apparat aus dem Quecksilber, so schneidet unten an der Capillare das Quecksilber haarscharf ab.

2. Der Apparat wird durch Ueberdruck gefüllt. Die Vorrichtung ist dann folgende: Man füllt eine Flasche voll Quecksilber, senkt bis auf ihren Boden ein Capillarrohr und befestigt es in dieser Stellung. An das obere Ende dieser Capillare wird vermittelst Gummischlauches eine zweite befestigt, deren freier Schenkel nach unten hin umgebogen ist. Dieser freie Schenkel ist länger als die Flasche. Ueber das freie Ende desselben wird ein Schlauch gezogen und über den Schlauch eine Pflüger'sche Klemme. Um Klemme und Schlauch wird lose ein Gummifaden gezogen, so dass die Klemme haftet, auch wenn sie nicht den Schlauch comprimirt. Der Ring der Klemme wird zwischen dem Schlauch und dem breiten Ende derselben angelegt. Zunächst wird dann die Capillare mit Quecksilber gefüllt, die Klemme geschlossen und nun in den Schlauch die Capillare des Calibrirapparates nicht zu fest hineingesteckt. Wird die Klemme geöffnet, so füllt sich der Calibrirapparat mit Quecksilber. Die übrigen Manipulationen sind dieselben, wie die oben beschriebenen. Häufig kommt es vor, dass beim Herausziehen des Calibrirapparates aus dem Schlauch der Quecksilberfaden in der Capillare reisst; dann lässt man durch passende Hahndrehung etwas Quecksilber von der oberen in die untere Kugel fliessen und die Capillare füllt sich wieder.

Der gefüllte Apparat wird mit der Capillare voran in das Eudio-

*) Ist die Mündung der Capillare zu weit, so schiesst das Quecksilber in das Calibrirgefäss und legt sich nicht mehr glatt an die Wände; ist sie jedoch zu eng, so dauert das Aufsaugen und Auslaufen des Quecksilbers zu lange.

meter gesenkt, man giebt dem Hahn B die Stellung, die er in Fig. 6 hat, und das Quecksilber entleert sich durch die Capillare in das Eudiometer. Einige Spuren bleiben eventuell oben am Hahn oder in der Capillare. Um auch diese zu entfernen, bläst man von dem äusseren Ende der Längsbohrung des Hahnes B vermittelst des angehängten Gummiballons R Luft durch die Kugel C, und die letzten Spuren Quecksilber werden in das Eudiometer getrieben. Die im Apparat C abgesperrte Quecksilbermenge ist eine ausserordentlich constante. Ich bekam durch mehrfache Quecksilberauswägung eines Apparates folgende Volumenwerthe:

7,1050 Ccm.
7,1057 „
7,1053 „
7,1051 „

und als ich nach einem Jahre den Apparat wieder auswog, erhielt ich 7,1051 Ccm.

Es ist vortheilhaft, zwei kleinere Calibrirapparate, etwa zu 2 und 7 Ccm. Inhalt, und einen grossen von etwa 50 Ccm. sich anfertigen zu lassen. Mit letzterem macht man dann eine Controlcalibrirung. Ich habe bei diesen Controlbestimmungen Differenzen bekommen, die 0,01, selten 0,02 Cm. der Scala entsprächen.

Um auch bei der Calibrirung das Eudiometer senkrecht hängen zu können, versieht man auch das andere freie Ende des Eudiometers mit einer solchen Schleife aus Bindfaden, wie sie oben beschrieben ist.

Das Sammeln der an den Wänden haftenden Quecksilberkugeln, sowie die Verdrängung der Luftblasen zwischen Glaswand und Quecksilber ist beim hängenden Eudiometer sehr einfach: Man fasst das Rohr mit beiden Händen, verschliesst mit dem rechten Daumen die Mündung, legt die linke Hand an den Barometertheil und bringt nun langsam unter Drehen das Eudiometer in die horizontale und dann wieder in die verticale Lage.

Eventuell berücksichtigt man bei den Ablesungen noch die Höhen der Menisken und bringt eine kleine Correctur in Anrechnung, die weiter unten besprochen werden wird. Welcher Verbesserungen diese Calibrirmethode noch fähig ist, kann erst am Schluss dieses Capitels besprochen werden, nachdem die Verhältnisse der Meniscusbildung erörtert sind.

Die Berechnung des Eudiometerinhalts nach der Calibrirung war bisher eine der zeitraubendsten und langwierigsten Arbeiten bei der Gasanalyse. Ich habe daher vorgezogen, eine andere Art von Calibrirungstabellen zu construiren, die mit verhältnissmässig grosser

Geschwindigkeit anzufertigen sind. Sie führen direkt auf den Logarithmus der gesuchten Volumina.

Vorauszuschicken ist, dass die Calibrirungstabelle in absolutem Maass, d. h. also nach Cubikcentimetern berechnet wird.

Angenommen, man wolle nur für den Inhalt einer beliebigen Calibrirungszone, in sich, d. h. also für den Raum, der an irgend einer Stelle des Eudiometers einer einmaligen Eingiessung aus dem Calibrirgefäss entspricht, eine Tabelle anlegen, so ist für diese eine sehr einfache Form möglich. Es sei der Inhalt des Calibrirgefässes $= \alpha$, die Anzahl der Theilstriche in der Zone (ihre Höhe) $= t$.

Man betrachtet den jeder Calibrirungszone angehörigen Theil als einen vollkommen gleichmässigen Cylinder. Unter welchen Bedingungen diese Voraussetzung zulässig ist, wird später erörtert werden. Gegeben sind Inhalt (α) und Höhe dieses Cylinders (t). Demnach ist sein Grundkreis $= \frac{\alpha}{t}$. Folglich ist der Inhalt der Zone bis zu einer beliebigen Höhe $h = h\frac{\alpha}{t}$. Angenommen, der 0 Strich dieser Zone entspräche der bten Calibrirung, so ist der Inhalt des Eudiometers bis zu dieser Zone (excl.) gleich b Cylindern von gleicher Höhe und Weite, wie der betrachtete, d. h. er ist gleich einem Cylinder, der denselben Grundkreis, aber die bfache Höhe hat wie dieser. Die Höhe der Calibrirzone ist t, ihr Grundkreis $\frac{\alpha}{t}$, demnach ist der Inhalt des Eudiometers bis zum 0 Strich dieser Zone $= b \, . \, t\frac{\alpha}{t}$. Der 0 Strich der betrachteten Zone entspreche der Scalaablesung β. Dann entspricht der Scalaablesung

$$\beta + h \text{ der Inhalt } b\,t\,.\,\frac{\alpha}{t} + h\frac{\alpha}{t},$$

$$\text{demnach } \beta + h = \frac{\alpha}{t}\,(b\,t + h),$$

d. h. also die Grösse in der Klammer $(bt + h)$ wächst innerhalb der Calibrirungszone mit wachsendem h um genau dieselbe Zahl, wie die Ablesungen an der Scala, oder in Worten ausgedrückt: Der Inhalt des Eudiometers ist nach unserer Rechnung bis zum Ende der betrachteten Calibrirungszone als Cylinder von bekanntem Grundkreis $\left(\frac{\alpha}{t}\right)$ darstellbar. Die Höhe desselben wechselt nach den Ablesungen, besteht aber stets aus zwei Summanden: 1) der Höhe bis zum 0 Strich der Zone, 2) der Höhe vom 0 Strich bis zur jeweiligen Ablesung. Die erste Zahl ist eine constante, die zweite eine variable; die

Summe beider ist die Höhe des berechneten Cylinders, ist demnach mit seinem Grundkreis zu multipliciren, um den Inhalt bis zum gewünschten Strich zu erhalten. Bei der Berechnung der Analyse braucht man jedoch stets nur den Logarithmus des Inhalts:

$$\lg\left(\frac{\alpha}{t}(bt+h)\right) = \lg\frac{\alpha}{t} + \lg(bt+h).$$

$\lg\frac{\alpha}{t}$ ist eine einzige, für jede Zone constante Zahl, ebenso das Product bt. Demnach legt man die Tabelle so an, dass in der ersten senkrechten Columne die den Calibrirungen entsprechenden Ablesungen (die 0 Striche der Calibrirungszonen) enthalten sind, in der zweiten der $\lg\frac{\alpha}{t}$, wirklich als Zahl berechnet, und in der dritten das Product bt.

Die praktische Berechnung der Tabelle ist am besten durch ein Beispiel zu erörtern. In der folgenden Tabelle giebt die erste senkrechte Columne die Nummern der Calibrirung (die Grösse b), die zweite Columne die dieser entsprechende Ablesungsziffer, die dritte Columne die Menge der Theilstriche (t), die der auf die Calibrirungsablesung folgenden Zone angehört. Es steht demnach in der ersten Querreihe in der dritten Columne die Menge der Theilstriche, die zwischen erster und zweiter Ablesung liegen, u. s. f.:

b	Ablesung	t
1	28,18	2,59
2	30,77	2,58
3	33,35	

Wenn dann α (Inhalt des Calibrirgefässes) = 7,10524 ist, so ist für die erste Calibrirzone

$$\log\frac{\alpha}{t} = \log\frac{7{,}10524}{2{,}59} = 0{,}43827.$$

Das Product b . t ist = 2,59 . 1. Demnach ist

$$\log V\ 28{,}18^{*)} = 0{,}43827 + \log(2{,}59 + 0),$$
$$\text{„ „ } 28.20 = 0.43827 + \text{ „ } (2{,}59 + 0.02),$$
$$\text{„ „ } 29{,}00 = 0{,}43827 + \text{ „ } (2{,}59 + 0{,}82),$$

Für die zweite Zone ist

$$\log\frac{\alpha}{t} = \log\frac{7{,}10524}{2{,}58} = 0{,}43995,$$
$$b\,.\,t = 2{,}58\,.\,2 = 5{,}16,$$

*) Der Logarithmus, welcher dem Logarithmus des Volumens des Eudiometers bis zur Scalaablesung 28,18 entspricht.

$$
\begin{aligned}
\log V\ 30{,}77 &= 0{,}43995 + \log (5{,}16 + 0),\\
„\ „\ 30{,}80 &= 0{,}43995 + „\ (5{,}16 + 0{,}03),\\
„\ „\ 31{,}00 &= 0{,}43995 + „\ (5{,}16 + 0{,}23)
\end{aligned}
$$

u. s. f.

Die Endtabelle ist demnach:

$$
\begin{aligned}
\log V\ 28{,}18 &= 0{,}43827 + \log 2{,}59,\\
„\ „\ 28{,}20 &= 0{,}43827 + „\ 2{,}61,\\
„\ „\ 29{,}00 &= 0{,}43827 + „\ 3{,}41,\\
„\ „\ 30{,}77 &= 0{,}43995 + „\ 5{,}16,\\
„\ „\ 30{,}80 &= 0{,}43995 + „\ 5{,}19,\\
„\ „\ 31{,}00 &= 0{,}43995 + „\ 5{,}29.
\end{aligned}
$$

Man berechnet also den jeder Calibrirungsdate entsprechenden Werth und ausserdem nur noch den ganzen nächsten Millimeter und Centimeter, und man geht dann bei Berechnung einer Ablesung vom nächsten angegebenen Millimeter oder Centimeter aus. Jeder beliebige Werth ist schnell eruirt, z. B.

$$
\begin{aligned}
\log V\ 31{,}56 &= 0{,}43995 + \log (5{,}39 + 0{,}56),\\
„\ „\ 31{,}56 &= 0{,}43995 + \log 5{,}95,\\
„\ „\ 31{,}56 &= 0{,}43995 + 0{,}77452.
\end{aligned}
$$

Bei der Analysenberechnung wird die Addition der beiden rechts stehenden Logarithmen selbstverständlich nicht für sich, sondern erst in Gemeinschaft mit den übrigen Logarithmen ausgeführt, und man braucht demnach eigentlich nur eine leichte Addition und die Aufschlagung eines Logarithmus zu machen. Die kleine Mühe der Addition aber wird dadurch aufgewogen, dass stets nur der Logarithmus einer 3—4stelligen Zahl gesucht wird, so lange wenigstens, als nicht schärfer als auf $^1/_{10}$ Mm. abgelesen wird.

Die Correcturen der Calibrirungstabelle. (Untersuchungen über die Grösse der Menisken.)

Die Daten der Calibrirungstabelle geben uns nicht ohne Weiteres bei der Berechnung der Analyse das wahre Volumen, welches das analysirte Gas einnahm.

Bei Analyse wie bei Calibrirung lesen wir stets die Kuppe des beobachteten Meniscus ab. Nun aber können bei beiden Gelegenheiten die Kuppen beider Menisken sich an derselben Stelle der Scala befinden und demgemäss gleiche Ablesungsziffern liefern, und es können doch die von ihnen begrenzten Räume des Eudiometers verschieden gross sein. Denn der Inhalt eines von einem Meniscus abgeschlossenen Eudiometertheiles hängt ausser vom Stand der Kuppe auch noch vom weiteren Verlauf der Meniscuscurve ab. Dieser aber ist bei verschiedenen Menisken ein sehr verschiedener.

Um ein Schema dieser Verhältnisse zu geben, sind in Fig. 7 drei Menisken in ein Eudiometer eingezeichnet, deren Kuppen sämmtlich am selben Scalastrich t stehen. Betrachtet man nun von einem und demselben Eudiometertheil, z. B. vom geschlossenen Ende her, die Richtung der verschiedenen Curven, so erscheint b concav, a convex. Beide sind Quecksilbermenisken; aber b ist der Quecksilbermeniscus bei der Calibrirung, a bei der Analyse. Bei der ersteren steht der geschlossene Theil des Eudiometers nach unten, bei letzterer nach oben. Die Curve c endlich stellt den Meniscus einer beliebigen Flüssigkeit bei der Analyse dar; er ist nach dem geschlossenen Ende zu concav.

Fig. 7.

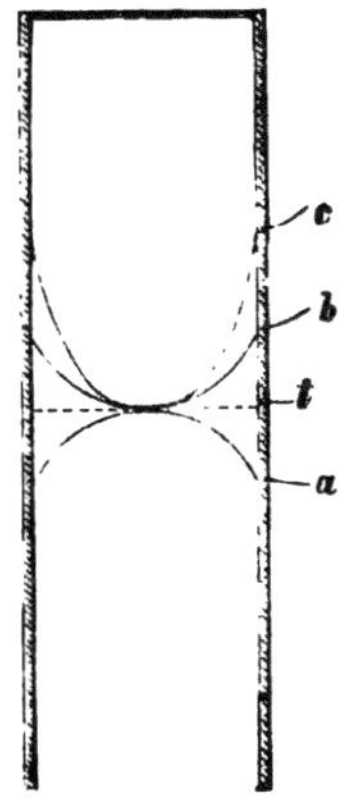

Wie man aus der Zeichnung sofort ersieht, ist zum Datum der Calibrirtabelle (b), das der Ablesung des Scalastriches t entspricht, der Raum zwischen b und a zu addiren, wenn bei der Analyse das Gas über Quecksilber steht, der Raum zwischen b und c dagegen von demselben abzuziehen, wenn es über einer anderen Flüssigkeit sich befindet. Diesen Werth, den Raum zwischen den Curven b und a resp. b und c, nenne ich daher den factischen Correctionswerth des betreffenden Meniscus, im Unterschied vom einfachen Correctionswerth Bunsen's. Dieser ist der Raum zwischen Meniscus, Tangentialebene an seine Kuppe und der Glaswand. Er würde im eben gegebenen Schema den Raum zwischen dem Strich t, der dann die Tangentialebene repräsentirt, und der Curve b resp. c darstellen. Ist er ermittelt, so ergiebt sich aus ihm ohne Weiteres der factische Correctionswerth, denn der Raum zwischen b und c (factischer Correctionswerth des Flüssigkeitsmeniscus) ist gleich dem Raum zwischen c und t minus dem Raum zwischen b und t (einfacher Correctionswerth des Flüssigkeitsmeniscus minus dem einfachen Correctionswerth des Quecksilbermeniscus). Der factische Correctionswerth des Quecksilbermeniscus ist gleich dem doppelten einfachen (Raum zwischen b und t plus Raum zwischen t und a). Der Correctionswerth wird stets in Scalatheilen des betreffenden Rohres ausgedrückt, d. h. es wird ermittelt, einen wieviel Millimeter hohen Cylinder der untersuchte Raum im selben Rohr abgeben würde.

Wird bei der Berechnung der Analyse der factische Correctionswerth des abgelesenen Meniscus zur Ablesungsziffer addirt, so ist das der erhaltenen Summe entsprechende Datum der Calibrirtabelle der wahre Volumenwerth des analysirten Gases.

Die Höhen der Menisken.

Von vornherein war es nicht sehr wahrscheinlich, dass der Correctionswerth des Meniscus eine Constante sein würde. Denn es lässt sich auf sehr einfachem Wege nachweisen, dass die Curve, die der Meniscus derselben Flüssigkeit im selben Rohr bildet, ganz ausserordentlich wechselt. Eine directe Messung der Curve allerdings stösst auf sehr grosse Schwierigkeiten; aber der höchste und tiefste Punkt derselben sind leicht zu bestimmen, und es ist selbstverständlich, dass, wenn die Differenz der Ablesungen am höchsten und niedrigsten Punkt der Curve, kurz gesagt, die Höhe des Meniscus wechselt, dann die Gestalt desselben nicht mehr dieselbe sein kann. Mit Sicherheit lassen also verschiedene Höhen auf verschiedene Curven schliessen. Inwieweit gleiche Meniscushöhen auf den gleichen Verlauf der Curven schliessen lassen, wird aus den folgenden Untersuchungen hervorgehen. Die Höhe der Menisken derselben Flüssigkeit wechselt nun ganz ausserordentlich, und zwar am meisten bei dem hier vor Allem interessirenden Quecksilbermeniscus. Da dies speciell ein für das Verständniss des Folgenden wichtiger Punkt ist, sei es mir gestattet, hier einige der Hauptthatsachen anzuführen.

Vorauf möchte ich noch die Bemerkung schicken, dass es eine selbstverständliche, nie zu vernachlässigende Regel ist, bei allen die Grösse des Meniscus etc. betreffenden Untersuchungen das Rohr, in dem sich der Meniscus befindet, vor jeder Ablesung leicht zu schütteln. Bei allen in der Folge mitgetheilten Ablesungen ist sie stets befolgt worden.

Im selben Rohr zunächst wechselt die Höhe des Quecksilbermeniscus ganz ausserordentlich. Einigermassen schützt allerdings ein sorgfältiges Reinigen der Röhre, ein Punkt, auf den ich weiter unten zurückkomme. Aber selbst in solchem Rohr kommen noch Differenzen vor; ich fand z. B. beim Calibriren in einem Eudiometer von 1 Cm. Durchmesser, das einige Zeit nach der letzten Reinigung unberührt gehangen hatte, aber noch vollkommen sauber war,

14 mal die Höhe 0,14—0,15 Cm.
6 „ „ „ 0,13—0,12 „
2 „ „ „ 0,16—0,17 „

Wurde dasselbe Rohr direct nach der Reinigung und Trocknung calibrirt, so ergab sich im Mittel bei unbedeutenden Abweichungen eine Meniscushöhe von 0,12 Cm.

Sehr viel mannigfaltiger noch, als bei der Calibrirung, gestalten sich die Verhältnisse bei der Analyse. Im Ganzen kann man constatiren, dass bei ganz reiner und trockener Wand der Quecksilbermeniscus sehr niedrig ist. Seine Höhe kann in weiten und engen Röhren auf 1 Mm. und manchmal noch darunter sinken. Ist die Wand feucht, so steigt die Höhe des Meniscus mit zunehmendem Wasserbeschlag der Wand.

Nur unter einer Bedingung ist der Quecksilbermeniscus eine annähernd constante Grösse: Wenn sich nämlich eine Flüssigkeitsschicht von einiger Höhe über demselben befindet. Einfache Befeuchtung der Röhre genügt nicht. Für dieselbe Flüssigkeit scheint der Meniscus ganz constant zu sein; gegenüber verschiedenen Flüssigkeiten treten geringe Differenzen, 0,3 Mm. in maximo betragend, hervor. So z. B. ist der Quecksilbermeniscus im Rohr von 10 Mm. Durchmesser bei Aetherbenetzung 0,21 Cm., bei Benetzung mit concentrirter Kalilauge 0,23—0,24 Cm. hoch. Diese Veränderungen sind so geringe, dass man im Allgemeinen den benetzten Meniscus als eine Constante ansehen kann. Als Mittel aus vielen Bestimmungen ergeben sich folgende Werthe: In der Röhre von 18 Mm. beträgt die Höhe des benetzten Meniscus 0,25 Cm., in der Röhre von 10 Mm. 0,22 Cm.

Auch das Volumen des nassen Quecksilbermeniscus (die Quecksilbermasse, welche zwischen der Meniscuscurve und der durch seinen Rand gelegten Ebene liegt) ist ein constantes. Giesst man den Inhalt des Calibrirgefässes in ein Eudiometer und benetzt den Meniscus, so erhält man bei Anwendung derselben Flüssigkeit stets dieselbe Ablesung an der Kuppe, während sie beim trocknen Meniscus je nach der Höhe um geringe Grössen variirt. Wählt man ausserordentlich differente Flüssigkeiten (concentrirte Kalilauge gegenüber Aether), so steigt und sinkt in engen Röhren wenigstens die Kuppe des Quecksilbers um eine eben wahrnehmbare Grösse (etwa 0,1 Mm.). Zwischen Aether oder Alkohol und Wasser ist dieser Unterschied noch geringer.

Die Höhen der übrigen Flüssigkeitsmenisken scheinen bei oberflächlicher Betrachtung ebenso inconstant, als die des Quecksilbermeniscus. Doch diese Inconstanz ist zum grossen Theil vermeidbar. Die verschiedenen Substanzen verhalten sich gegenüber geringen Verunreinigungen der Wand sehr verschieden. Der Wassermeniscus ist im allerhöchsten Grade empfindlich, der Alkoholmeniscus bleibt auch noch unter recht ungünstigen Umständen konstant. Will man mit Sicherheit reine Glaswände erzielen, so muss das Rohr zuerst mit Wasser und dann mit rauchender Salpetersäure ausgespült werden. Die rauchende Salpetersäure muss mit jeder Stelle der Wand längere Zeit in Berührung kommen. Nach der rauchenden Salpetersäure wird das Rohr noch einmal mit Wasser und dann mehrmals mit absolutem Alkohol und reinem Aether ausgespült. Der Aether muss ganz rein sein und darf nicht im Geringsten nach fremden Beimengungen riechen. Bläst man dann etwas Luft durch die Röhre, so trocknet sie sehr schnell. Das Auswischen vermeidet man gänzlich, denn selbst wenn scheinbar ganz reine Leinwand verwandt wird, erhält man leicht unregelmässige Menisken. Indess ist die Reinheit der Wand nicht der einzige Factor, der die Höhe der Flüssigkeitsmenisken beeinflusst. Es kommt noch ein zweiter, eventuell ein dritter hinzu.

Ist eine grössere Strecke der Glaswand über dem Meniscus mit der Flüssigkeit benetzt, so ist der Meniscus etwas höher als normal. Bei concentrirter Kalilauge und ähnlichen Flüssigkeiten ist der Unterschied etwas bedeutender, bei Alkohol sehr gering.

Ist die Flüssigkeit beinahe oder gänzlich zusammengelaufen, so nimmt der Meniscus wieder seine normale Höhe an, und zwar geschieht dies um so schneller, je reiner die Glaswand. Es beweist jedoch eine normale Meniscushöhe nicht, dass die an den Glaswänden haftende Schicht absolut zusammengelaufen ist.

Dieser Erhöhung des Meniscus über das normale Maass steht bei manchen Flüssigkeiten, vor allem bei verdünnter Kalilauge, ein Zusammensinken desselben gegenüber. Bringt man verdünnte Kalilauge in ein ganz reines, unten geschlossenes, graduirtes Rohr, ohne dabei die Wände zu benetzen, und schüttelt dann dasselbe leise, so erhält man zunächst konstant ein und dieselbe Meniscushöhe; in Röhren von 14 Mm. Durchmesser z. B. 3,4 Mm. ungefähr. Dieser Meniscus behält in den nächsten Stunden seine Höhe.

Lässt man nun das Rohr fest verstöpselt bis zum nächsten Tage stehen und liest nun die Höhe ab, so zeigt sich stets, dass der Meniscus bedeutend niedriger geworden ist. Die Kuppe hebt sich, der Rand senkt sich. Ich habe ihn in solchen Fällen im Rohr von 14 Mm. Weite z. B. von 3,4 Mm. auf 2,5 Mm. Höhe herab sinken sehen. Schüttelt man das Rohr leicht, so behält der Meniscus seine abnorm niedrige Höhe bei, neigt man das Rohr, so dass die Flüssigkeit weithin die Glaswand benetzt, so steigt er etwas (bei verdünnter Kalilauge etwa um 0,2 Mm.), aber es ist nicht mehr möglich, die frühere Höhe ihm wiederzugeben. Am deutlichsten ist diese Erscheinung, wie gesagt, bei verdünnter Kalilauge nachweisbar, schwächer dagegen bei sehr concentrirter. Bei verdünnter Natronlauge scheint sie nicht in so hohem Grade als bei verdünnter Kalilauge hervorzutreten.

Doch sind vielleicht in diesen Fällen auch die chemische Zusammensetzung und die physikalischen Eigenschaften der verschiedenen Glassorten von Bedeutung. Bei weiteren Studien über dieses eigenthümliche Verhalten der verdünnten Kalilauge fand ich dann, dass, auch wenn in einer Röhre alle Eigenschaften einer reinen Wand constatirt sind, es doch öfter vorkommt, dass man von vornherein niedrigere Menisken erhält. Es schien mir, dass dies namentlich dann der Fall ist, wenn Kalilauge längere Zeit im selben Rohr gestanden hatte.

Um nun in jedem einzelnen Fall entscheiden zu können, ob die Röhre hinreichend rein sei, hielt ich mich an folgende Kriterien:

1. Die Höhe des Meniscus derselben Flüssigkeit im selben Rohr muss nach mehrmaliger Reinigung und Füllung immer wieder dieselbe sein. Eine Ausnahme bildet unter den oben angegebenen Bedingungen die verdünnte Kalilauge.

2. Wird die Flüssigkeit durch ein Capillarrohr, das bis auf den Boden der Röhre reicht, eingelassen, so muss der Rand des Meniscus, während die Flüssigkeit im Glase steigt, stets scharf, nirgend gezackt sein. Selbstverständlich muss auch der Rand des zum Schluss entstehenden Meniscus absolut scharf und ungezackt sein.

3. Neigt man die Röhre schräg und dreht sie langsam um ihre Axe, so dass die Flüssigkeit mehrere Centimeter weit die Röhre benetzt, so muss auch jetzt überall hin der Rand der Flüssigkeit glatt und nicht gezähnt erscheinen; stellt man die Röhre wieder senkrecht, so dürfen beim Zusammenlaufen der Flüssigkeit nicht jene eigenthümlichen landkartenartigen Zeichnungen entstehen, die man sonst so oft beobachtet; denn diese Zeichnungen beweisen, ebenso wie die Auszackungen, dass die Flüssigkeit unregelmässig am Glas adhärirt, dass also die Glaswand nicht homogen ist.

4. Die in der betreffenden Röhre beobachtete Meniscushöhe muss sich einfügen in vergleichende Werthe, die man in anderen (weiten und engen) Röhren gewonnen hat. Es gilt z. B. für die Röhre von 18—10 Mm. Weite im Ganzen das Gesetz, dass mit abnehmender Weite die Meniscushöhe derselben Flüssigkeit sinkt. Am deutlichsten ist dies beim Wasser, wenig wahrnehmbar bei concentrirter Kalilauge, concentrirter Schwefelsäure, und endlich kaum nachweisbar bei absolutem Alkohol; dagegen deutet es stets auf mangelhafte Reinigung der Wand, wenn ein Meniscus in einer engeren Röhre höher erscheint, als in einer weiteren. Eine Ausnahme bildet nur unter den angegebenen Bedingungen die verdünnte Kalilauge.

Es liegen bereits Bestimmungen von Correctionswerthen vor, die Bunsen angestellt hat, allerdings ohne Berücksichtigung der Höhe der Menisken. Bunsen ging von folgender Erwägung aus:

„Denkt man sich die einen Meniscus bildende Flüssigkeit zu einer ebenen Fläche heruntergesunken .... so stellt das in Scalatheilen der Massröhre ausgedrückte Volumen, welches zwischen dieser ideellen Fläche und der Tangentialebene der Meniscuskuppe liegt, den einfachen Correctionswerth des Meniscus dar.“ *)

Bei der Bestimmung nach Bunsen wird der Meniscus durch eine Kautschukplatte gewissermassen platt gedrückt, und es ist daher nicht möglich, vermittelst dieser Methoden die Menisken von Flüssigkeiten zu bestimmen, die den Kautschuk angreifen, wie starke Alkalien, Säuren, Alkohol.

Da auch diese Flüssigkeiten verwendet werden, war es nöthig, auch die Methoden zu schaffen, um alle nöthigen Correctionswerthe bestimmen zu können. Ferner ist es nach dem Auseinandergesetzten selbstverständlich, dass jetzt bei allen feinen Meniscusbestimmungen die Höhe der Menisken in Betracht gezogen wird.

Die Correctionswerthe der Quecksilbermenisken.

Zur neuen Methode ist vor Allem die Kenntniss der Correctionswerthe der Quecksilbermenisken nothwendig, die ich demzufolge nach einer etwas schärferen Methode als der bisher geübten bestimmt habe. Mein Apparat (Fig. 8) war folgender: Ein etwa 7 Cm. langes mit Scala versehenes Glasrohr wird am oberen Ende durch einen einfachen Glashahn (H), am unteren durch eine Glaskuppe (k) vollkommen geschlossen. Ueber letztere hinaus setzt sich die Glasröhre noch fort, wie der Barometertheil eines Eudiometers über das eigentliche Eudiometer.

In das obere und untere offene Ende werden einfach durchbohrte Gummistopfen mit Bindfaden versehen befestigt, so dass der kleine Apparat aufrecht und umgekehrt hängen kann. Da er sonst zu leicht ist, um senkrecht zu hängen, so befestigt man an dem jeweiligen unteren Stopfen ein Gewicht an einem langen Faden.

Thut man alsdann soviel Quecksilber in ihn hinein, dass sowohl bei aufrechter wie bei umgekehrter Stellung die Meniskenkuppe am selben Scalatheil (tg) steht, so entsprechen die Kuppen der Menisken den Curven x und x_1. Es sei dann I der Inhalt des ganzen Apparates bis zur Hahnbohrung (excl.) durch Quecksilberwägung bestimmt und V das Volumen des hineingethanen Quecksilbers, so ist der dop-

*) Bunsen, Gasometrische Methoden. S. 36 u. 37.

pelte Correctionswerth $= I - 2V$. Diese Methode führt auf eine Schwierigkeit: genau die Menge Quecksilber auszuprobiren, welche dem Strich tg entspricht. Hingegen ist es sehr einfach, sich Menisken ideell zu construiren, die sich berühren wie x und x_1 und ebenfalls genau bekannte Räume abschliessen. Man verfährt dabei folgendermassen: Der kleine Apparat wird vollkommen auscalibrirt in aufrechter und umgekehrter Stellung. Es würden die Menisken der einen Reihe der Curve x, die der anderen der Curve x_1 parallel laufen. Alsdann fertigt man für die eine der beiden Reihen eine Calibrirtabelle an und bestimmt aus dieser die Werthe, die den Ablesungen der anderen Reihe angehören. Diese Werthe repräsentiren je ein paar Menisken, die sich berühren, wie die Curve x die Curve x_1. Die Berechnung ist dann sehr einfach: Derjenige Meniscus eines solchen Paares, welcher der Calibrirtabelle entnommen ist, begrenzt einen Raum $= a$, der andere einen Raum $= a_1$. I sei der Inhalt des kleinen Apparates bis zur Hahnbohrung (excl.). Dann ist der factische Correctionswerth $= I - a - a_1$.

Fig. 8.

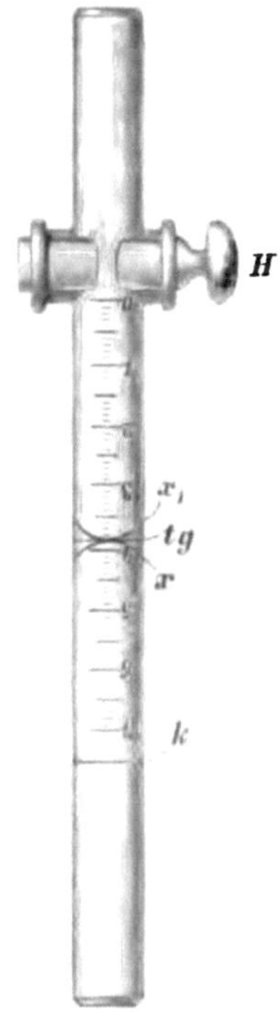

Bei diesen Bestimmungen werden nur Menisken ein und derselben Höhe berücksichtigt. Ich fand bei meinen exactesten Bestimmungen:

dopp. Correctionsw. Röhre von 18 Mm. Durchm.	= 1,1	Mm.	(Höhe = 1,8).
„ „ „ „ 14 „ „	= 1,01	„	(„ = 1,6).
„ „ „ „ 10 „ „	= 1,07	„	(„ = 1,5).
„ „ „ „ 10 „ „	= 0,87	„	(„ = 1,2).

Verfährt man nicht sehr sorgfältig, reinigt man namentlich nicht sehr genau, so erhält man etwas abweichende Werthe. Ich werde sofort auf diese zurückkommen. Um dann aber auch den höchst wichtigen Correctionswerth des nassen Quecksilbermeniscus kennen zu lernen, verfuhr ich folgendermassen: Nachdem das Gefäss sorgfältig gereinigt, wurde der Inhalt des Calibrirgefässes zum ersten Mal hineingefüllt, auf den trockenen Meniscus Aether aufgeschüttet und abgelesen. Dann wird das Calibrirgefäss umgedreht und die zweite Ablesung gemacht. Darauf wird das Gefäss gänzlich entleert, getrocknet, zweimal der Inhalt des Calibrirgefässes eingefüllt, Aether aufgegossen u. s. f. Auf diese Weise erhält man zwei Reihen unter sich absolut gleicher Menisken, gleicher Richtung.

Der umgekehrten Reihe haftet scheinbar ein Fehler an; denn bei dieser ist nicht nur der Quecksilbermeniscus, sondern auch die Wand in weiterer Ausdehnung mit Flüssigkeit benetzt. Indess diese Ungenauigkeit ist geringer als die Ablesungsfehler; denn wie später nachgewiesen werden wird, ist die Flüssigkeitsmenge, die zwischen reiner Röhrenwand und Quecksilber in einer Ausdehnung von wenigen Centimetern haftet, eine so geringe, dass sie für einfache Methoden nicht mehr sicher nachweisbar ist. Es ist im Uebrigen leicht, sich bei diesen Untersuchungen zu überzeugen, ob etwa die Fehlergrenze überschritten ist; denn wenn nachweisbare Aethermengen an der Wand hafteten, so müsste die Differenz zwischen der ersten und letzten Calibrirungsablesung bei der zweiten Reihe grösser sein als bei der ersten, was nie der Fall war.

Will man ganz gegen diesen Fehler gesichert sein, so fügt man statt der geschlossenen Kuppe noch einen Hahn in das oben beschriebene Glasrohr (Fig. 8) ein und calibrirt jede Reihe für sich aus. Auf diese Weise sind die Bestimmungen im Rohr von 14 Mm. Weite gemacht.

Man erhält auf diese Weise für die benetzten Quecksilbermenisken folgende Correctionswerthe:

Durchm. der Röhre	18 Mm.	14 Mm.	10 Mm.
doppelter CW.	1,01 „	1,05 „	1,27 „

Um dann die Correctionswerthe der abnorm hohen trockenen Menisken zu erhalten, habe ich andere Methoden gewählt:

Das Princip ist auf folgende Erwägung gebaut: befindet sich in einem aufrecht stehenden Eudiometer Quecksilber und eine andere Flüssigkeit über einander, so bildet das Quecksilber einen constanten, sehr hohen Meniscus. Denkt man sich, dass dieser langsam in sich zusammensinkt, so wird der Correctionswerth immer kleiner, da die Entfernung zwischen der Quecksilberkuppe und der resultirenden Ebene immer geringer wird. Bei diesem Vorgang würde der Miniscus sämmtliche Correctionswerthe durchlaufen. Da nun der Correctionswerth des nassen Meniscus und in Folge dessen auch die für die ganze Reihe gleiche resultirende Ebene bekannt ist, so kann man, wenn man einen trockenen in einen benetzten Meniscus überführt, auch den Correctionswerth des trockenen berechnen. Er unterscheidet sich vom nassen um die Differenz des Kuppenstandes. Die Resultate sind in folgender Tabelle enthalten:

Rohr von 18 Mm. Weite.

Höhe des Quecksilbermeniscus	Hebung bei Benetzung
1,8 Mm.	0,0 Mm.
1,5 „	0,1 „
1,1 „	0,2 „
1,0 „	0,3 „

Die Zahlen sind dieselben in Röhren von 18 und 10 Mm. Weite.

Die Zahlen dieser Tabelle sind Mittelwerthe aus längeren Beobachtungsreihen. Indess muss ich eine Einschränkung hinzufügen. Ich glaube nämlich ziemlich bestimmt beobachtet zu haben, wenngleich der Werth innerhalb der Fehlergrenzen meiner Ablesungen liegt, dass namentlich in engen Röhren einer abgelesenen Höhe des Meniscus nicht stets genau die gleiche Hebung der Kuppe bei Benetzung entspricht. Es schien mir z. B. in Röhren von 1 Cm. Durchmesser die Hebung des Meniscus, der die Höhe von 1,5 Mm. hatte, einmal kaum 0,1 Mm. und dann wieder über 0.2 Mm. zu betragen. In weiten Röhren dagegen waren die Verhältnisse viel constanter. Wahrscheinlich liegt der Grund dieser Abweichungen darin, dass der Rand der Menisken unregelmässig am Glase adhärirt. Selbstverständlich ändert dies Verhalten das Volumen des Meniscus und macht überhaupt die Höhenbestimmung etwas unsicher. Bei der praktischen Ausübung der Gasanalyse sind derartige Vorkommnisse, die ja in letzter Linie auf geringen Verunreinigungen der Röhre und namentlich des Quecksilbers beruhen, nicht zu vermeiden. Daher habe ich mich mit den oben angeführten Werthen begnügt.

Aus der angeführten Tabelle geht zunächst hervor, dass mit einer Abnahme der Höhe um je 0,3—0,2 Mm. der Correctionswerth um je 0,1 Mm. sinkt. Wenn man nun ferner bedenkt, dass bei einer Höhe von 0 Mm., d. h. also, wenn das Quecksilber überhaupt keinen Meniscus bildete, der einfache Correctionswerth auch = 0 sein und die Kuppe sich um etwas über 0,5 Mm. haben würde, so kann man annähernd die Tabelle weiter interpoliren:

Höhe des Quecksilbermeniscus	Hebung bei Benetzung
0,7 Mm.	0,4 Mm.
0.4 „	0,5 „

Aus den angeführten Zahlen ergiebt sich, dass der benetzte Quecksilbermeniscus fast genau denselben (einfachen) Correctionswerth hat, als der höchste, in reinen Röhren vorkommende trockene. Nur in Röhren von 10 Mm. Weite tritt ein geringer Unterschied (0,1 Mm.) hervor.

Die Werthe der Tabelle haben noch eine specielle Bedeutung: Aus Gründen, die später zu erwähnen sind, ist es für feinere Bestimmungen vortheilhaft, die Calibrirtabelle so zu berechnen, als ob stets mit nassen Quecksilbermenisken gearbeitet wäre, d. h. also, je nach der Höhe des betreffenden Meniscus wird zur Ablesung eine Correction addirt, die anzeigt, um wieviel der Meniscus sich bei Benetzung heben würde. Will man dann bei Berechnung der Analyse nach der Calibrirtabelle das Gasvolumen bestimmen, das über einem Quecksilbermeniscus von beobachteter Höhe steht, so hat man zur Ablesung einen Werth hinzuzufügen, der gleich ist dem doppelten Correctionswerth des nassen Quecksilbermeniscus minus dem Werth der obigen Tabelle. Diese Werthe, nach der oben gegebenen Definition die factischen Correctionswerthe trockener Quecksilbermenisken gegenüber Calibrirtabellen, die auf nasse Menisken bezogen sind, sind neben den Werthen der obigen Tabelle in der am Schluss des Werkes befindlichen Tabelle I gegeben.

Das wichtigste Resultat der Tabelle ist, dass die factischen Correctionswerthe in Röhren von 10—18 Mm. Weite sich nur um 0,2 Mm. unterscheiden. Da ferner die sehr geringen Meniskenhöhen nur selten vorkommen, so kann mau, wenn nicht sehr feine Bestimmungen gemacht werden sollen, 1 Mm. als allgemeinen factischen Correctionswerth für Quecksilbermenisken aufstellen. Dass jedoch bei feinen Bestimmungen in der That etwas auf die richtigen Correctionswerthe der Quecksilbermenisken ankommt, dafür werde ich später analytische Belege geben.

Die Calibrirungstabellen werden sehr häufig durch die angegebenen Correcturen regelmässiger d. h. eine scheinbare Ungleichheit zweier auf einander folgenden Calibrirungszonen verringert sich oder verschwindet.

Man kann sich übrigens speciell davon überzeugen, dass es richtig ist, bei der Calibrirung derartige Correcturen anzubringen. Ich habe z. B. in einem Rohr von 18 Mm. Durchmesser für solche Stellen, an denen nach den Calibrirungsdaten bedeutendere Meniscuscorrecturen (0,2—0,3 Mm.) anzubringen waren, Nachcalibrirungen veranstaltet, und dann den Quecksilbermeniscus benetzt. Mit einer Ausnahme erhielt ich dann die corrigirte Meniskenablesung.

Oder es wurde das Rohr noch einmal gereinigt und nun calibrirt. Erhielt ich dann an jenen Stellen höhere Menisken (von 1,8 Mm.), so stimmte die neue Ablesung fast immer mit der vorigen corrigirten. Wie es möglich ist, all diese Correcturen und Unsicherheiten bei der Calibrirung durch Anwendung benetzter Quecksilbermenisken zu vermeiden, wird in der am Ende dieses Capitels besprochenen Darstellung der Normalcalibrirung gezeigt werden.

Die Bestimmung der Correctionswerthe für die concaven Menisken benetzender Flüssigkeiten.

Das Princip der Methode ist folgendes: Man bringt in eine mit Quecksilber calibrirte Röhre ein genau gemessenes Volumen der Flüssigkeit. Für die folgenden Bestimmungen ist die Quecksilbercalibrirung stets nach der unten beschriebenen Normalmethode ausgeführt, die, wie erwähnt, auf der Anwendung benetzter Quecksilbermenisken beruht. Die Meniscuskuppe wird an der Scala abgelesen und der betreffende Volumenwerth nach der Calibrirung bestimmt.

Dann entspricht die aus der Calibrirungstabelle entnommene Date einem Quecksilbermeniscus, der die Kuppe des Flüssigkeitsmeniscus berühren, im Uebrigen aber in entgegengesetzter Richtung, als dieser, verlaufen würde (wie a und c Fig. 7). Das Flüssigkeitsvolumen ist um den einfachen Quecksilber- plus dem einfachen Flüssigkeitsmeniscus grösser, als der der Tabelle entnommene Werth. Die Volumenbestimmung der Flüssigkeit geschieht durch Wägung der verwandten Menge und Bestimmung des specifischen Gewichts im Pyknometer.

Die Ausführung der Methode ist auf zwei Wegen möglich: Entweder man nimmt 5—6 Ctm. lange calibrirte, unten zugeschmolzene, oben durch Schliff verschliessbare Röhren, lässt durch ein enges Rohr ohne Befeuchtung der Glaswände die Flüssigkeit einlaufen, wägt das Rohr erst trocken, dann gefüllt und liest Kuppe und Rand des Meniscus ab. Oder aber ein Eudiometer wird bis etwa 5 Ctm. unter die Mündung mit Quecksilber gefüllt, und man lässt nun aus einer Pipette mit Hahn die Flüssigkeit auf das Quecksilber laufen. Die Pipette wird vor und nachher gewogen, der Meniscus der Flüssigkeit und des Quecksilbers an der Scala abgelesen. Die Differenz bei den Ablesungen, nach der Calibrirtabelle in absolutem Maass ausgerechnet, wird von der Flüssigkeitsmenge abgezogen und das übrig bleibende Quantum ist wieder gleich dem einfachen (nassen) Quecksilber plus dem einfachen Flüssigkeitsmeniscus.

Beide Methoden geben übereinstimmende Daten. Doch ziehe ich wegen der Einfachheit der Handhabung die erstere vor. Wie oben auseinandergesetzt, ist der faktische Correctionswerth des Flüssigkeitsmeniscus gleich dem einfachen Correctionswerth des Flüssigkeitsmeniscus minus dem einfachen Correctionswerth des Quecksilbers; demnach ist, um den faktischen Correctionswerth des Flüssigkeitsmeniscus zu erhalten, von dem soeben vermittelten Werth abzuziehen der faktische Correctionswerth des nassen Quecksilbermeniscus (s. Fig. 7). Bezieht man, wie es geschehen, alle diese Berechnungen auf nasse Quecksilbermenisken, so sind die Verhältnisse leicht übersichtlich; sie compliciren sich hingegen etwas, sobald man einen trockenen Quecksilbermeniscus zu Grunde legen würde. Dies ist der Grund, aus dem auch die Calibrirtabellen auf nasse Menisken bezogen wurden.

Nach der angeführten Methode kann man mit grosser Exactheit arbeiten und erhält auch stets innerhalb der Fehlerquellen der Ablesungen liegende Werthe, wenn man mit Menisken normaler Höhe arbeitet.

Sinkt oder steigt jedoch die Höhe deutlich nachweisbar, so erhält man stets auch kleinere oder grössere Correctionswerthe. Wird aber der Rand des Meniscus zackig, so ist sein Correctionswerth ausserordentlich inconstant. Trifft man daher bei der Analyse auf solche Menisken, so muss man darauf gefasst sein, mehr oder minder grosse Fehler zu begehen. Ich habe z. B. zweimal mit der beschriebenen Methode constatirt, dass unter solchen Umständen der einfache Correctionswerth des Wassermeniscus in Röhren von 15 Mm. Weite von seinem normalen Werthe 1,0 Mm. auf 0,5 Mm. herabsank. Die am Schluss des Werkes stehende Tabelle II enthält die einfachen Correctionswerthe für eine Reihe von Flüssigkeiten.

Jeder Werth ist das Mittel aus mindestens drei Bestimmungen. Im Allgemeinen kann man daher wohl den Werthen eine innerhalb der Fehlergrenze der Ablesungen (0,1 Mm.) liegende Richtigkeit zutrauen.

Der Stern (*) am Fuss einer Zahl bedeutet, dass sie aus einer etwas grösseren Zahl abgekürzt ist, während die Zahlen ohne Stern aus einer etwas kleineren Zahl hervorgegangen sind.

Bei der verdünnten Kalilauge sind entsprechend dem geschilderten Verhalten ihrer Höhe mehrere Correctionswerthe angeführt. Der jeder Zahl beigegebene Index bedeutet das Mittel aus den beobachteten Höhen.

Wie aus den bei der verdünnten Kalilauge mitgetheilten Zahlen ersichtlich ist, sinkt der Correctionswerth bei Abnahme um je 0,2 bis 0,3 Mm. um je 0,1 Mm. Es ist dies ein Verhältniss, das ich sehr häufig auch sonst, wenn es sich um abnorm niedrige Menisken in nicht ganz reinen Röhren handelt, angetroffen habe. Sollte sich übrigens bei der verdünnten Natronlauge unter ungünstigen Umständen ein ähnliches Sinken der Meniscushöhe einstellen, so würde man wohl ohne grossen Fehler die Zahlen, die für die verdünnte Kalilauge gelten, auch für die verdünnte Natronlauge anwenden dürfen.

Da die Correctionswerthe der trockenen Quecksilbermenisken, die bei der Calibrirung verwandt werden, fast stets beinahe identisch sind mit denen der benetzten Quecksilbermenisken, so kann man für diese

Röhrenweiten die zweite Tabelle ohne bedeutenden Fehler anwenden, auch wenn die Calibrirtabelle nicht auf benetzte Menisken bezogen ist.

Aus dem Resultat der Tabelle ist ersichtlich, welcher Einfluss auf den Correctionswerth der Höhe der Menisken zukommt. Der Meniscus der Kalilauge vom specif. Gewicht 1,09 kann unter Umständen denselben Correctionswerth haben, wie concentrirte Kalilauge. Zwei so differente Flüssigkeiten wie absoluter Alkohol und concentrirte Schwefelsäure haben beinahe identische Höhen und beinahe identische Correctionswerthe.

Die Menisken der verdünnten Laugen, welche in der Höhe nicht wesentlich vom Wassermeniscus abweichen, haben auch beinahe identische Correctionswerthe mit dem Wassermeniscus.

Um beurtheilen zu können, ob dieser Einfluss der Höhe unter allen Umständen der massgebende ist, dazu reichen allerdings die mitgetheilten Versuche nicht aus. Dass ganz verdünnte Kalilauge vom specif. Gewicht 1,01 einen etwas (nicht um 0,1 Mm.) höheren Correctionswerth hat als Wasser, ist wohl einigen Zufälligkeiten bei den Ablesungen zuzuschreiben.

In Tabelle III sind die factischen Correctionswerthe der verschiedenen Menisken angegeben.

Die Normalcalibrirung.

Der Calibrirungsmethode, wie sie oben beschrieben ist, haften einige Fehler an, die zwar ziemlich geringfügig sind, aber doch vermieden werden können. Erstens nämlich ist es möglich, dass die Temperatur des Quecksilbers im Eudiometer während der Calibrirung sich ändert und zweitens bedingen die im vorigen auseinandergesetzten Eigenschaften der trockenen Menisken kleine Unzuverlässigkeiten.

Für sehr exacte Bestimmungen thut man daher gut, einige Modificationen des beschriebenen Verfahrens eintreten zu lassen. Am leichtesten ist es, die Temperatur des Quecksilbers constant zu erhalten. Man hängt das Eudiometer und eine Flasche voll Quecksilber in einen hohen mit Wasser gefüllten Cylinder*) und hebert in der beschriebenen Weise aus der Flasche das Quecksilber in den Calibrirapparat. Das Eudiometer ist (selbstverständlich mit der Mündung aus dem Wasser hervorragend) so aufgehängt, dass es leicht aus dem Wasser herausgenommen werden kann. Das Quecksilber nimmt

*) am einfachsten in den später beschriebenen Analysenapparat.

sehr schnell die Wassertemperatur an. Auch 70 Cm. lange Quecksilbersäulen, die um 2^0 wärmer waren, als das Wasser, nahmen in zwei Minuten die Wassertemperatur an.

Schwieriger ist der zweite Theil der Aufgabe zu erfüllen, constante Menisken zu erhalten. Hat man allerdings ganz reines Quecksilber zur Verfügung, so ist man allen weiteren Schwierigkeiten überhoben und kann unter den angegebenen Cautelen, wie oben geschildert, calibriren. Anderenfalls aber muss man benetzte Quecksilbermenisken verwenden. Der nächstliegende Gedanke ist, das Eudiometer bis an den Rand mit Wasser zu füllen und nun die gesammte Calibrirung unter Wasser vorzunehmen. Dies Verfahren hat sehr grosse Annehmlichkeiten. Das Quecksilber sammelt sich leicht und vollständig am Boden, das Eudiometer braucht nicht aus seiner Lage verrückt zu werden u. s. w. Aber es zeigte sich, dass die Fehler, welche das am Glase haftende Wasser hervorruft, recht bedeutend sein können, namentlich, wenn das Rohr nicht auf das exacteste gereinigt ist. Lässt man allerdings lange Zeit ein ganz reines mit Wasser benetztes und mit Quecksilber gefülltes Rohr stehen, so wird die Wand ganz trocken. Aber dazu gehören mindestens Tage.

Will man demnach ganz sicher gehen, so muss man folgendermassen verfahren: Der Inhalt des Calibrirgefässes wird in das trockene Eudiometer geschüttet, das Quecksilber am Boden vereinigt, Aether oder noch besser Alkohol auf den Meniscus geschüttet, das Eudiometer in das Wasser gehängt und nun abgelesen.

Nach der Ablesung wird der Inhalt des Eudiometers gänzlich in eine flache breite Schale ausgeleert, wobei sorgfältig zu beachten ist, dass kein Quecksilber verspritzt. Darauf wird das Eudiometer getrocknet und zum zweiten Mal der Inhalt des Calibrirgefässes hinein entleert. Dann wird auf seine Mündung ein Trichter aufgesetzt, der mit einem an der Spitze durchbohrten Filter aus Filtrirpapier versehen ist. In dieses wird der Inhalt der Schale entleert. Die Flüssigkeit verfliegt schon meist beim Hin- und Hergiessen, was noch vorhanden, zieht in das Filtrirpapier ein. Auf das Quecksilber im Eudiometer wird wieder Flüssigkeit gegossen u. s. f. Es scheint nun ausserordentlich umständlich zu sein, in dieser Weise ein Eudiometer auszucalibriren. Indess es trat bei dieser exacten Methode ein Umstand deutlich zu Tage, der uns in den Stand setzt, eventuell ein ganzes Eudiometer mit 10 bis 12 Calibrirungen zu bestimmen. Es zeigte sich nämlich, dass die Röhren, welche man sorgfältig mit dem Tastercirkel ausgesucht hat, ausserordentlich regelmässig gebaut sind. Die meisten guten Röhren sind zwar keine vollkommenen Cylinder, aber sie erweitern oder verengern sich nach einem bestimmten Gesetz. Die den

Calibrirungen entsprechenden Ablesungen bilden streckenweise eine arithmetische Reihe.

Ich fand z. B. in einem Eudiometer von 10 Mm. Durchmesser folgende Werthe:

Ablesung	1. Differenzenreihe	2. Differenzenreihe
35,43		
	8,43 Cm.	
43,86		0,06 Cm.
	8,49 „	
52,35		0,06 „
	8,55 „	
60,90		0,06 „
	8,61 „	
69,51		0,07 „
	8,68 „	
78,19		0,03 „
	8,71 „	
86,90		0,03 „
	8,74 „	
95,64		

Hat man ein solches Eudiometer, so ist es in der That nicht mehr nothwendig, fernere Calibrirungen zu machen.

Man kann sich vollkommen darauf verlassen, dass auch jede Zone in sich nach demselben Gesetz gebaut ist, wie das ganze Eudiometer. Wenn es einmal nöthig sein sollte, d. h. also wenn das Rohr sehr stark von der reinen Cylinderform abweicht, kann man nach der Interpolationsformel der arithmetischen Reihen, die, gleichen Inhaltsmengen entsprechenden Scalastriche innerhalb jeder Zone sich berechnen. Indess wird dies selten angezeigt sein. Die angegebene Röhre z. B. weicht in ihrem oberen Theil verhältnissmässig stark von der Cylinderform ab, denn die Werthe der zweiten Differenzenreihe erreichen 0,6 Mm. und doch würde das Maximum des Fehlers, wenn man auch diese Zonen als vollkommen cylindrisch ansieht, 0,1 Mm. nicht erreichen. Dass diese Annahme durchaus richtig ist, beweisen die vielen übereinstimmenden Analysenresultate, die ich später anzuführen habe. Indess es kommen manchmal und zwar hauptsächlich in engen Röhren so unregelmässige Stellen, dass es nöthig ist, zwischen die durch Normalcalibrirung bestimmten Puncte andere Calibrirungen einzuschalten. Um dies bequem und sicher ausführen zu können, schlägt man ein Verfahren ein, das sich auf Beobachtungen gründet, die ich bei den oben besprochenen Untersuchungen machte.

Diejenige Wassermenge, die in einem reinen Rohr auf einer Strecke von etwa 8 Cm. zwischen Quecksilber und Glaswand haften bleibt, ist bereits kurze Zeit nach dem Eingiessen des Quecksilbers so gering, dass sie nicht 0,1 Mm. des Eudiometers entspricht. Der Beweis ist folgender:

Calibrirt man ein enges (10 Mm. weites) Eudiometer, zunächst mit Wasser gefüllt und dann nach der Normalcalibrirung, so findet man, dass die Zonen, welche denselben Calibrirungen entsprechen, gleiche Höhe haben. Ich fand z. B. im oben angeführten Eudiometer:

Normalcalibrirung.		Calibrirung unter Wasser.	
Ablesung	Höhe d. Zone	Ablesung	Höhe d. Zone
35,43		35,45	
	8,43 Cm.		8,45 Cm.
43,86		43,90	
	8,49 „		8,50 „
52,35		52,40	
	8,55 „		8,55 „
60,90		60,95	
	8,61 „		8,60 „
69,51		69,55	
	8,68 „		8,68 „
78,19		78,23	
	8,71 „		8,72 „
86,90		86,95	
	8,74 „		8,73 „
95,64		95,68	

Ein einziges Mal kommt eine die Fehlergrenzen der Ablesung erreichende Differenz von 0,2 Mm. vor (8,43 gegen 8,45).

Es ist nun zu bedenken, dass, wenn man eine so bedeutende Quecksilbermasse schnell in ein enges Rohr schüttet, dann die Umstände für ein Haftenbleiben von Flüssigkeit an den Glaswänden die günstigsten sind. Würde man z. B. eine 8 Cm. des Eudiometers entsprechende Quecksilbermenge in ein 18 Mm. weites nasses Rohr langsam oder mit Pausen einfliessen lassen, so würde die Menge der Flüssigkeit an der Wand eine relativ viel geringere sein; denn einerseits ist der Umfang des weiteren Rohres relativ gering, und zweitens sammelt sich die Flüssigkeit, vom Quecksilber emporgedrückt immer vollkommener oben auf dem Quecksilbermeniscus, eine Erwägung, die durch das Experiment bestätigt wurde.

Demnach kann man als sicher annehmen, dass in reinen, mit Quecksilber gefüllten nassen Röhren eine etwa 7 Cm. der Wand entsprechende Flüssigkeitsschicht nicht 0,1 Mm. des Eudiometers entsprechen würde.

Sind nun die etwa 7 Cm. von einander liegenden Hauptpuncte der Calibrirung durch Normalcalibrirung bestimmt, so füllt man das reine Eudiometer ganz mit Wasser, und calibrirt es mit einem Calibrirgefäss, das etwa 2 bis 2,5 Cm. der Scala entspricht. Nehmen wir nun der Einfachheit wegen an, das grosse Calibrirgefäss, mit dem die Normalcalibrirung angestellt ist, sei genau dreimal so gross als das kleinere (eine Voraussetzung, die erfüllt ist, sobald man die Normalcalibrirung so vornimmt, dass man für jede Ablesung das kleinere Gefäss dreimal in das Eudiometer entleert) so giebt die Normalcalibrirung für jede dritte Ablesung der unter Wasser vorgenommenen Calibrirung den Correctionswerth, d. h. man sieht, wie viel Theilstriche zu hoch die unter Wasser vorgenommene Calibrirung steht. Dieselbe Differenz ist dann von den beiden nächsten Ablesungen abzuziehen. Hat man mit zwei verschiedenen Calibrirgefässen calibrirt, so muss man sich die Correctionswerthe einzeln berechnen.

Zum Schluss möchte ich noch erwähnen, dass es eine nie zu

versäumende Vorsichtsmassregel ist, die letzte bei der Normalcalibrirung gewonnene Ablesung noch einmal für sich allein nachzucalibriren, um sicher zu sein, dass beim Hin- und Hergiessen kein Quecksilber verloren gegangen war.

Controllirt man eine Normalcalibrirung durchweg, so treten überhaupt nur Differenzen gleich 0,1 Mm. auf und auch diese sehr viel seltener als früher.

IV.

Der Analysenapparat.

Die Hauptanforderung, die nach dem bisher Auseinandergesetzten an den Analysenapparat gestellt werden muss, ist, dass Eudiometer und Barometer ohne Schwierigkeit unter Wasser gesetzt werden können. Doch die Lösung dieser Aufgabe brachte andere Schwierigkeiten mit sich: Unter Wasser sind die Eudiometer nicht so leicht erreichbar, wie in Luft, und demgemäss mussten die Methoden der Einführung von Gasen und Flüssigkeiten in dieselben entsprechend abgeändert werden.

Dann aber ist es durchaus nothwendig, eine Anordnung zu treffen, dass eine grössere Anzahl Analysen neben einander angestellt werden können. Dies verursachte eine neue Schwierigkeit; denn hätte ein jedes Eudiometer sein eigenes Barometer erhalten, so wäre die Einrichtung des Apparates eine ziemlich complicirte geworden und hätte viel Raum und grosse Quecksilbermassen erfordert.

Bei der Construction kam sehr zu statten, dass an der Grenze vom Quecksilber in der Wanne und dem Eudiometer keine Ablesungen mehr gemacht zu werden brauchen; denn in Folge dessen kann die Quecksilberwanne ganz aus Eisen construirt sein und jede beliebige Form haben. Für die folgende Beschreibung ist die umstehende Fig. 9 mit der Tafel am Schluss zu combiniren.

Die Wanne bildet einen unten geschlossenen eisernen Cylinder (A). Ein engerer Cylinder (B) ist in den weiteren eingesetzt und theilt ihn in zwei nicht mit einander communicirende Theile, einen inneren Cylinder, die eigentliche Quecksilberwanne für die Analyse, und einen äusseren Raum, der den inneren Cylinder ringförmig umgiebt. In diesen äusseren Raum passt ein oben und unten offener starker, 1,1 Meter hoher Glascylinder (G). Dieser wird bei der Analyse mit Wasser gefüllt. Um die Wassersäule abzusperren, ist in den äusseren

Fig. 9.

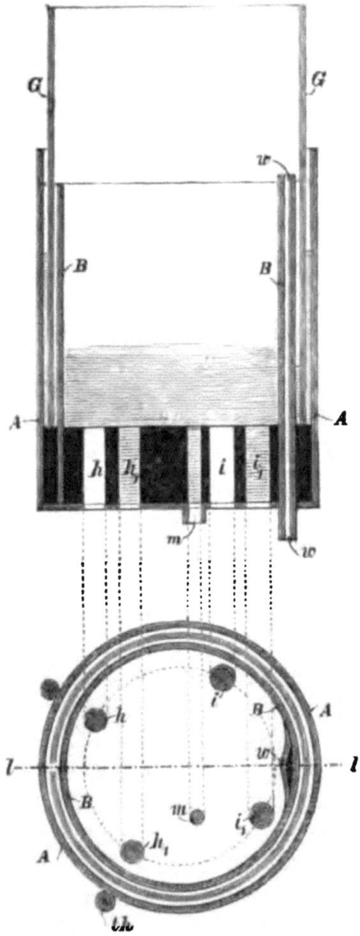

Durchschnitte durch die Wanne.

Der untere ist ein Querschnitt durch den Boden der Wanne, der obere ein senkrechter, projicirter Durchschnitt durch dieselbe, in der Ebene der Linie l l des unteren Querschnittes. Die vor der Linie l l liegenden Durchbohrungen des Bodens der Wanne sind weiss, die hinter derselben liegenden sind chraffirt gehalten.

Ring der Wanne Quecksilber gegossen. Wird der Glascylinder mit Wasser gefüllt, so sinkt das Quecksilber auf der Innenseite und steigt auf der Aussenseite des Glascylinders (die chraffirten Partien zwischen A und B im oberen Querschnitt zu beiden Seiten von G stellen diese Niveauverhältnisse des absperrenden Quecksilbers dar). Es sind für die Absperrung nur sehr geringe Quecksilbermassen erforderlich, denn ideell genommen genügt zum Balanciren der Wassersäule eine capillare Quecksilberschicht.

Man nimmt daher den Ring der Wanne nicht weiter, als dass der Cylinder bequem in ihm auf und nieder geht. Um eine Analyse in die innere Wanne einsetzen zu können, wird der Glascylinder aufgezogen; die Construction, die zu diesem Zweck gewählt ist, ist folgende (s. die Tafel am Schluss): Genau über der Wanne steht ein hoher Galgen aus dicken eisernen Röhren. In passende Schlitze des Querstückes sind vier Räder ($x\ x_1\ z\ z_1$) eingesetzt. Der Glascylinder trägt oben einen breiten Rand. Unter diesem ist ein starker umwickelter Ring (B) mit zwei Armen ($V\ V_1$) angebracht. An den Armen sind zwei Drahtseile ($D\ D_1$) befestigt, die zunächst senkrecht in die Höhe steigen, um dann über je zwei der oben genannten Räder nach rechts und links und dann wieder senkrecht nach unten zurück zu laufen. An ihren Enden sind zwei mit Schrot gefüllte Blechcylinder eingehakt, die genau den Glascylinder in jeder Stellung balanciren. Diese Balancirgewichte hängen in Haken und sind leicht abnehmbar. Die Auf- und Niederbewegung des Glascylinders ist auf diese Weise leicht ausführbar.

Es kann vorkommen, dass der Cylinder in der Quecksilberwanne nicht genau senkrecht steht; dann genügt die Einführung eines dünnen Holzkeiles an geeigneter Stelle zwischen Cylinder und Wanne, um den Fehler zu corrigiren. Oder aber der Glascylinder wird von einem eisernen Ringe lose gehalten, der vermittelst eines langen Armes am rechten Pfeiler des Galgens befestigt wird. (Diese Construction ist in der Zeichnung nicht angegeben). Er geht dann in diesem eisernen Ringe auf und nieder.

Es hat sich gezeigt, dass in der That an dieser Stelle ein Glascylinder grosse Vorzüge vor ähnlichen Apparaten (Eisenkasten mit Glasscheibe etc.) hat. Da er inwendig vollkommen glatt ist, können die Eudiometer sich nirgend in ihm festhaken, sein Gewicht ist verhältnismässig gering; die Reinigung leicht ausführbar. Endlich sind die Ablesungen an den in seinem Innern befindlichen Eudiometern schöner, als die bisher üblichen, da die Rundung des Cylinders als Vergrösserungsglas wirkt.

Der Cylinder ist dickwandig (1 bis 2 Cm.), damit er die Temperaturschwankungen der Zimmerluft nur langsam an das Wasser überträgt.

Der innere Cylinder der Wanne dient, wie oben gesagt, als eigentliches Quecksilberbassin, in dem die Eudiometer bei der Analyse sich befinden. In ihm steht auch das Barometer.

Um nun nur ein einziges Barometer verwenden zu brauchen, wird dem Barometer ein fester Platz gegeben und eine derartige Construction gewählt, dass ein Eudiometer nach dem andern vor dasselbe

Fig. 10.

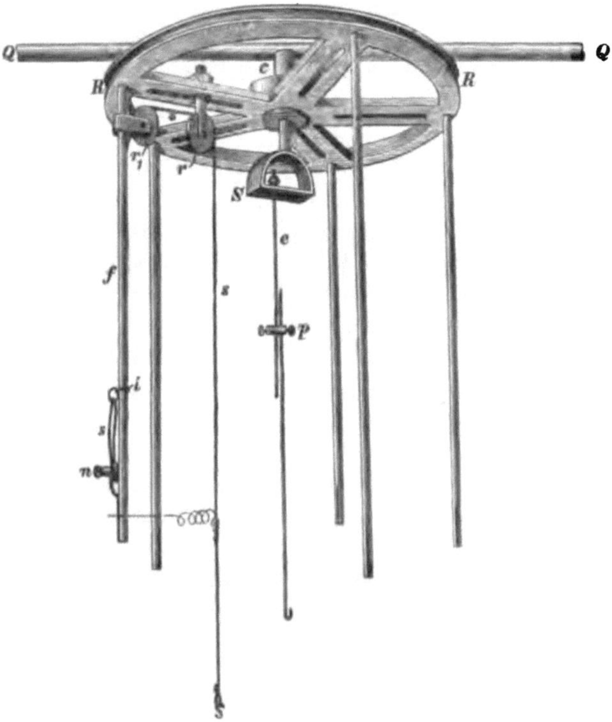

zur Ablesung gebracht wird. Für die folgende Beschreibung ist die obenstehende Fig. 10 mit der Tafel zu combiniren.

Genau in der Mitte des Querstückes des Galgens (Q Q der Figur) ist ein eiserner Conus (C) nach unten fest eingesetzt. Auf ihm dreht sich ein horizontal liegendes Rad (R). Der Conus setzt sich durch das Rad hindurch fort und endigt in einem abnehmbaren hufeisenförmigen Stück (S). An dieses durch die Drehungen des Rades nicht berührte Stück wird das Barometer befestigt. Zu diesem Zweck sind die beiden Enden des Hufeisens durch ein Querstück verbunden. In diesem befindet sich ein 1 Cm. breiter Schlitz. Ein dünner Eisenstab (o), oben mit einem kurzen Gewinde, und unter diesem mit einer breiten knopfförmigen Auftreibung versehen, wird von unten durch den Schlitz gesteckt und von oben her mit einer Schraubenmutter fest an das Querstück angezogen. Am unteren Ende dieses Eisenstabes ist eine kleine Polschraube (p) mit parallelen Bohrungen befestigt. In dieser läuft ein anderer Eisenstab auf und nieder, der unten sich hakenförmig krümmt. An diesen wird das Barometer mit seiner Schleife angehängt. Durch Drehen des Hufeisens sowie Heben und Senken der Polschraube kann man dem Barometer jede Stellung geben. Die Eudiometer werden mit Schnüren an die Speichen des Rades gehängt und zwar dient dazu folgende Einrichtung: Jede Speiche hat einen Schlitz, wie das Querstück des Hufeisens. An der unteren Seite der Speiche sind zwei Räder ($r\,r_1$) angeschraubt. Sie sind im Schlitz verstellbar. Die Schnur (s), an der das Eudiometer hängt, läuft erst über das innere, dann über das äussere Rad. An ihr kann man das Eudiometer hoch und tief hängen. Um die Schnur bequem fixiren zu können, war es nöthig, sie bis zu einer leicht erreichbaren Höhe herunter zu leiten. Der Fixationspunkt muss ferner mit dem Rad zusammen sich drehen; denn wenn er festgelegt würde, würde bei Bewegungen des Rades das Eudiometer aus dem Quecksilber gehoben werden. Um diesen Zweck zu erreichen, ist an das Lager des äusseren Rades (r_1) ein nach aussen und unten gehendes dünnes Rohr angesetzt (f). Durch dieses läuft die Schnur, bis sie aus einem Längsschlitz an seinem unteren Ende heraustritt. Dicht über dieser Austrittsstelle läuft sie zwischen zwei kleinen Stahlplättchen hindurch, die durch eine Schraube (n) angezogen werden und so die Schnur fixiren. Damit das freie Ende der Schnur nicht herunterhängt, und sich eventuell irgendwo festhakt, wickelt man es am Eisenrohr auf. Zu diesem Zwecke sind zwei Kautschukringe oberhalb der Schraube über das Eisenrohr gelegt. Am oberen (i, der untere ist nicht mitgezeichnet) ist ein kleiner Metallring befestigt. Durch diesen Ring, sowie durch den Schlitz im Eisenrohr wird das Ende der Schnur so oft als nöthig gezogen. Das freie Ende wird zwischen den zweiten Kautschukring und das Eisenrohr gesteckt und so fixirt.

Sind sämmtliche Eudiometer hängend fixirt, so braucht nur das Rad gedreht zu werden, und ein Eudiometer nach dem andern tritt vor das Barometer. Soll der Apparat bequem arbeiten, so muss die Drehung des Rades vom Fernrohr, also aus der Entfernung von einigen Schritten dirigirt werden. Um dies zu ermöglichen, wurde folgende Einrichtung getroffen: An der Peripherie des Rades sind zwei Schnüre befestigt. Jede läuft etwa zweimal um das Rad herum, in einer tiefen eingeschnittenen Riefe. Die eine (d der Tafel) geht dann horizontal, parallel dem Querstück des Galgens, bis sie zum linken Pfeiler desselben gelangt. Dort läuft sie über ein kleines senkrecht stehendes Rad und fällt dann senkrecht hinab. An ihr hängt ein schweres Gewicht. Die andere (d_1) Schnur geht zum Beobachter. Ueber dem Fernrohr befindet sich ein zweiter Galgen, wie der erste. Auf die Mitte des Querstücks ist ein dicker eiserner Stab aufgeschraubt, auf dessen Spitze sich ein horizontal liegendes Rad (O) dreht. Am linken Pfeiler befindet sich ein senkrecht stehendes kleines Rad (O_1). Ueber beide läuft die Schnur d_1 und kommt so zur linken Seite des Beobachters herunter. Dort ist ein gleich schweres Gewicht, wie an die andere Schnur befestigt. Das Rad ist auf diese Weise zwischen beiden Gewichten äquilibrirt und dreht sich bei Hebung und Senkung derselben leicht, auch wenn es einseitig mit einem schweren Eudiometer belastet ist.

Da der zweite Galgen nicht ganz die Höhe des ersten hat, so läuft die Schnur d_1 nicht ganz horizontal; da es nun aber wünschenswerth ist, dass sie sich vom Rad R in horizontaler Richtung abwickelt, so kann man auch folgende Construction anbringen, die, um die Zeichnung nicht zu compliciren, nicht mit in die Tafel aufgenommen ist: Neben dem Rad R läuft vom Querstück des ersten Galgens aus ein horizontal liegender, am Ende nach dem Rad R zu gekrümmter Arm; das Ende dieses Rades trägt ein senkrecht stehendes Rad, dieses Rad nimmt zunächst die Schnur d_1 auf. Diese Construction macht das Rad O des zweiten Galgens überflüssig.

Der Kreis, in dem die Eudiometer sich bewegen, ist, wie aus dem Angegebenen hervorgeht, ein viel kleinerer als die Peripherie des Rades. Demnach entspricht eine ziemlich bedeutende Abwickelung der Schnur vom Rade bei Hebung des Balancirgewichtes erst einer verhältnissmässig geringen Verschiebung des Eudiometers, und man kann daher dasselbe sehr scharf einstellen.

Jetzt erhob sich eine Schwierigkeit: Wie ist es einzurichten, dass das Eudiometer vor das Barometer parat zur Ablesung, d. h. also mit der Scala nach vorn, tritt? Wie man dieses Ziel erreicht, hängt vom Material der Schnur ab, an die die Eudiometer gehängt werden: entweder verwendet man Hanf- oder, was wohl einige Vorzüge hat, dünne Eisendrahtschnüre. Im ersteren Fall verwendet man zu unserem Zweck die Torsionskraft der Schnüre. Möglichst tief ist um die Schnur ein ganz dünner Draht gewickelt, dessen langes Ende an das Eisenrohr angelegt werden kann. Am besten nimmt man zu diesem Zweck dünnen übersponnenen Kupferdraht, er haftet am sichersten auf der Schnur. Das Eudiometer wird einige Male um sich selbst gedreht, so dass seine Schnur Torsion hat, dann der Draht an das Eisenrohr gelegt, und man kann nun durch Biegung des Drahtes die Scala feststellen, wie man will, denn die Torsionskraft der Schnur drückt den Draht an das Eisenrohr und fixirt so das Eudiometer. Die Stellung ist eine so constante, dass sie durch Erschütterungen etc. nicht geändert wird. Die Torsionskraft der dünnen Schnüre ist aber, wenn auch für den vorliegenden Zweck ausreichend, doch absolut genommen eine so geringe, dass die Senkrechthängung des Eudiometers nicht darunter leidet.

Fig. 11.

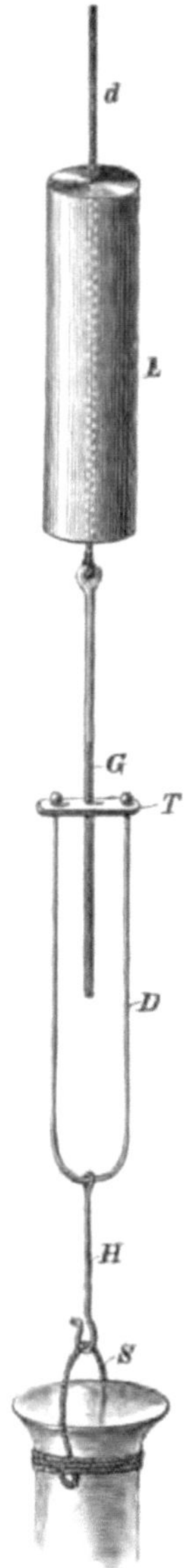

Verwendet man Eisendrahtschnüre, so ist die Construction eine complicirtere. Diese Drahtschnüre müssen speciell zu diesem Zweck angefertigt werden. Sie besitzen eine Stärke von 1—1 $^1/_2$ Mm. Ihre Vorzüge sind: der fast vollständige Mangel der Torsion, die Unzerreisslichkeit und endlich ihre grosse Biegsamkeit; ihr Hauptnachtheil der, dass sie nur bei ziemlich starker Belastung gerade (nicht gewellt) hängen. Die Construction (Fig. 11), die auf diese Eigenschaften hin gewählt wurde, ist folgende: An dasjenige Ende der Drahtschnur (d), an welches das Eudiometer gehängt werden soll, wird zunächst ein starkes, 700 Grm. schweres Gewicht (E) (mit Blei ausgegossenes und mit centraler Bohrung versehenes Eisenrohr) befestigt. Unterhalb dieses Gewichtes ist an die Drahtschnur ein längeres Gewinde (G) angesetzt, auf dem eine Platte (T) wie eine Schraubenmutter auf und niederläuft. Die Platte T wird an zwei Stellen vom U förmig gekrümmten Draht D durchsetzt. An den Draht D ist unverschiebbar der Haken H befestigt. In die Schleife dieses Hakens wird die Schlinge S des Eudiometers gehängt. Damit die Schlinge des Eudiometers sich nicht im Haken hin und her bewegen kann, ist in demselben eine Riefe eingefeilt, in die die Schlinge des Eudiometers gelegt wird. Hängt nun das Eudiometer an der Drahtschnur, so stellt man an der Platte T das Eudiometer so ein, dass die Scala richtig zur Ablesung einsteht.

Vom Fernrohr aus wird ausser dem Rad R noch ein zweiter Apparat dirigirt: die Beleuchtungs-Kugel oder Schirm G (s. die Tafel).

Ueber dem Querstück des ersten Galgens steht senkrecht das Rad U, es ragt nach hinten über das querliegende Rad R hinaus. Ein gleichstehendes Rad (U_1) befindet sich auf dem Querstück des anderen Galgens, etwas links vom Beobachter. Ueber beide läuft ein Drahtseil (u). An einem Ende desselben hängt die Beleuchtungskugel G, am anderen ein äquilibrirendes Gewicht.

Zum Schluss sind noch die Einrichtungen zu beschreiben, die es ermöglichen, Gase und Flüssigkeiten unter Wasser in die Eudiometer einzuführen, zu verpuffen etc. Das Princip ist ein sehr einfaches: Der Boden der Wanne trägt eine Anzahl Durchbohrungen, in die Kautschukstopfen eingesetzt sind. Durch diese werden, wo es nöthig ist, Glasröhren gezogen, die im Innern der Wanne münden und nach Durchbohrung des Stopfens an der unteren und dann an der äusseren Seite der Wanne entlang laufen. Sie sind so hoch, dass das Quecksilber aus ihnen nicht ausfliessen kann. Die Eudiometer drehen sich in einem Kreise von bestimmtem Durchmesser. Demgemäss sind auch diese Oeffnungen in einem Kreise von demselben Durchmesser angeordnet. Vier genügen; zwei haben eine Breite von 3 Cm. (i und i_1 der Fig. 9), zwei von $1^1/_2$ Cm. (h und h_1). In die eine breite Oeffnung ist ein undurchbohrter Kautschukstopfen eingesetzt, auf ihm finden die Verpuffungen statt. Die Verpuffung wird in folgender Weise angestellt: Ist das Eudiometer über den breiten Kautschukstopfen gedreht, so wird an das zu ihm gehörige Eisenrohr eine Muffe befestigt, in der ein wagerechter Eisenstab steckt. Von seinem Ende geht ein zweiter senkrecht ab; über diesen ist eine Eisenröhre verschiebbar gezogen, die durch eine Schraube auf dem inneren Eisenstab festgestellt wird. Am Ende dieser verschiebbaren Röhre befindet sich eine breite Eisenplatte mit Kautschuküberzug. Mit der linken Hand fasst man nun das auf den Kautschukstopfen aufgestellte Eudiometer, mit der rechten die Schraube des Eisenrohres und presst die Röhre mit ihrer Platte gegen das Eudiometer und dieses so gegen den Stopfen. Steht es fest, so zieht man die Schraube der Röhre an. Die Vorrichtung ist in dieser Weise construirt, damit man beim Befestigen und Losmachen das Eudiometer mit der Hand halten kann. In die zweite, weiter gezeichnete Oeffnung im Boden der Wanne (i_1 der Fig. 9) ist ein langes Eisenrohr eingeschraubt (e der Tafel, im Holzschnitt nicht angegeben), über dessen Bestimmung weiter unten berichtet werden soll. Die beiden engeren Oeffnungen h und h_1 sind zum Einlass für Flüssigkeiten und Gase bestimmt.

Die Construction dieser Einlasse ist folgende (Fig. 12): h sei (wie in Fig. 9) einer dieser engen den Boden der Wanne durchbohrenden Canäle. In seine Wand ist ein Gewinde eingeschnitten, in welches ein anderes Eisenrohr R mit seinem Gewinde eingeschraubt ist. Das Rohr R. ragt nach unten über den Boden der Wanne hervor und trägt am unteren Ende ein anderes Gewinde. In dieses passt das Gewinde der Kapsel k. Die Kapsel k ist ein etwa 2 Cm. hoher,

Fig. 12.

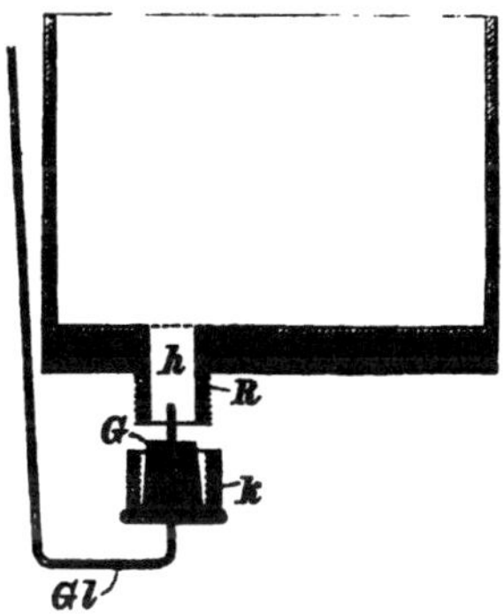

unten geschlossener Eisencylinder. Sein Boden ist von einer breiten Oeffnung durchsetzt. In ihm steht der einfach durchbohrte Kautschukstopfen G. Zwischen dem Boden der Kapsel und diesem Kautschukstopfen liegt noch eine dünne eiserne Platte mit centraler Durchbohrung. Durch die Bohrungen des Stopfens, der Platte und des Kapselbodens läuft das Glasrohr Gl. Es mündet im Innern der Wanne dicht über dem Boden derselben.

Soll das Glasrohr eingesetzt werden, so braucht nur die Kapsel k mit ihrem Gewinde auf das Rohr R aufgeschraubt zu werden. Der Kautschukstopfen G. verschliesst vollkommen quecksilberdicht.

Das zum Einlass der Flüssigkeit bestimmte Rohr ist ein starkwandiges Thermometerrohr. An seinem äusseren oberen Ende erweitert es sich zu einer kleinen Glaskugel (Gl der Tafel) mit oben aufgesetztem Tubus. In diesem steckt ein Kautschukstopfen mit Glasröhre. In diese Kugel wird die Injectionsflüssigkeit gethan, dann an das Glasrohr ein Kautschukballon gesetzt und durch Compression der Luft die Flüssigkeit übergetrieben, bis sie in dem über dem inneren Ende der Glasröhre hängenden Eudiometer aufsteigt. Da durch die Thermometerröhre auch bei starken Druck stets die Flüssigkeit nur langsam passirt, so kann man die zu injicirende Menge sehr genau abmessen.

Die Construction des Einlasses für Gase ist im wesentlichen dieselbe, wie die für Flüssigkeiten. Die Abweichungen werden am besten bei Besprechung des Wasserstoff-Entwicklers geschildert. Ausser von diesen vier ist der Boden der Wanne noch von zwei anderen Oeffnungen durchbohrt. Sie liegen, die eine innerhalb, die andere ausserhalb des Kreises, in dem die Eudiometer sich drehen. Die eine ist breit, platt, und schmiegt sich eng an die Wand des Quecksilberbassins an (w der Fig. 9). Dieser Oeffnung entspricht ein gleich breites Rohr, das nach oben vom Boden der Wanne bis etwas über den oberen Rand der Quecksilberwanne reicht, nach unten in ein rundes Rohr übergeht. Das Rohr hat ein Lumen von einer Länge von 2 Cm. und einer Breite von 2 Mm. Das Rohr ist mit Bleiglätte-Glycerinkitt eingesetzt in den Boden der Wanne. An dieses untere Rohrende wird ein starker Schlauch (s l der Tafel) angesetzt. Am Hahn der Wasserleitung, die neben dem Apparat mündet, befindet sich ein V förmiges Rohr. Ueber den einen Schenkel dieses V förmigen Rohres wird der genannte Schlauch gezogen, über den anderen ein zweiter, der durch eine Holzklemme versperrbar ist.

Ist der zweite Schlauch geschlossen und der Hahn der Wasserleitung geöffnet, so füllt sich der grosse Glascylinder mit Wasser; ist die Klemme geöffnet, so entleert er sich.

Die zweite der oben genannten Oeffnungen (m der Fig. 9) im Boden der Quecksilberwanne ist rund, etwa 1 Cm. weit. Sie liegt nach Innen vom Kreis der Eudiometer. Durch sie geht ein Rohr, das nach unten eine Länge von einigen Centimetern besitzt. An das untere Ende wird ein Schlauch mit Füllkugel (F der Tafel) befestigt. Durch Heben und Senken derselben wird der Quecksilberstand in der Wanne regulirt. Sie ist am rechten Pfeiler des Galgens befestigt.

Sind alle Röhren, Stopfen etc. in die Wanne eingesetzt, so stellt man sie unter das Rad R. Von der Mitte des Hufeisens lässt man ein Loth herab, das genau in die Mitte der Quecksilberwanne treffen muss. Alsdann hängt man an eine der Speichen des grossen Rades ein Eudiometer und schraubt das Rad A so in die Speiche ein, dass das Eudiometer genau über einer der im Kreis stehenden Oeffnungen im Boden der Wanne hängt. Wird das Rad gedreht, so muss das Eudiometer die anderen drei Oeffnungen ebenfalls passiren. Ebenso fixirt man dann die übrigen vier Räder an die Speichen.

Das Barometer muss möglichst weit nach vorn vor der Mitte nach dem beobachteten Eudiometer zu stehen. Selbstverständlich darf es das Eudiometer nicht berühren. Ist Alles justirt, so bezeichnet man sich aussen an der Wanne die Stellen, an denen sich die vier Oeffnungen im Boden der Wanne befinden, um, wenn die Analyse unter Wasser ist, genau zu wissen, wann ein Eudiometer über einer derselben hängt.

Diese Methode des Hinüberdrehens der Eudiometer über die Einlassstelle für Gase etc. spart viel Zeit und Mühe.

Zum Schluss klebt man an die Aussenseite der Wanne eine Scala, deren Nullpunkt dem Boden der Quecksilberwanne entspricht. Die Höhe des Quecksilbers in den Capillaren und der Füllkugel, an dieser Scala abgelesen, giebt den Druck an, der auf dem Boden der Wanne liegt. Zieht man von diesem Stand den Wasserdruck im grossen Cylinder (etwa 7 Cm. Quecksilber) ab, so erhält man die Höhe des Quecksilberspiegels in der inneren Wanne. An die Eisenröhren, durch welche die Schnüre gehen, befestigt man breite Bleche [A] [B] etc. (s. die Tafel), um die an den einzelnen Speichen hängenden Eudiometer vom Fernrohr aus unterscheiden zu können.

Von allen geschilderten Apparaten braucht nur der Conus, auf dem sich das querliegende Rad dreht, fein gearbeitet zu sein.

Der Galgen ist auf einem Quadrat aus Holz mit zwei starken eisernen Bändern auf jeder Seite befestigt. Eine ursprünglich zufällige Einrichtung habe ich beibehalten: das Holzquadrat, auf dem der Galgen mit der Analysenvorrichtung ruht, ist noch auf Holzblöcke etwa 30 Cm. hoch gestellt. Man gewinnt auf diese Weise einen Tritt, auf dem man leicht von allen Seiten an die Eudiometer gelangen kann. Ausserdem stellt man vielgebrauchte Apparate, wie den Wasserstoffentwickler, auf demselben auf.

Die Quecksilberwanne für die Analyse ruht auf drei Eisenröhren, deren untere Enden platt umgebogen sind. An diesen befinden sich zwei Schrauben, um den Apparat senkrecht einstellen zu können. Die Wanne steht vollkommen frei.

Zum Analysenapparat gehört endlich noch das Fernrohr. Es muss, wie oft erwähnt, eine Libelle tragen, damit die Barometerablesung bei horizontaler Lage desselben erfolge. Es ist einfach zu bestimmen, wie viel das Fernrohr von der Wagerechten abweichen darf, ohne einen in's Gewicht fallenden Fehler zu bedingen. Angenommen, es sei die erlaubte Grenze dieses Fehlers 0,01 Cm. der Ablesung. Dann ergiebt sich aus einer einfachen geometrischen Betrachtung, dass das Fernrohr desto schiefer stehen darf, je näher an einander Barometer und Eudiometer stehen. Die Zahlen sind folgende: wenn a die Entfernung von der Eudiometerscala bis zum Barometermeniscus ist:

Länge von a	erlaubte Schiefstellung des Fernrohres
5,0 Cm.	7′
4,0 „	8,5′
3.0 „	11,5′
2,0 „	17′
1,0 „	34′

Im Durchschnitt wird die Scala höchstens 2 bis 3 Cm. vom Barometermeniscus entfernt sein. Zeigt demnach die Libelle auf 3′ scharf, was keine erhebliche Anforderung, so ist man gegen alle Eventualitäten gesichert.

Das Fernrohr braucht selbstverständlich nur bei der oberen Ablesung genau wagerecht zu stehen. Man stellt daher das Stativ ein für allemal so ein, dass das Fernrohr in der Höhe des Barometermeniscus horizontal liegt. Da der Barometermeniscus im Lauf einer Analyse nicht sehr erheblich zu schwanken pflegt, hat man nachher nur wenig mit der Stellung des Fernrohrs zu thun.

Wer viel analysirt, wird vorziehen, ein zweites Fernrohr für die obere Ablesung zu benutzen. Dieses hat dann einen festen Platz. Man kann es an dasselbe Stativ, wie das andere befestigen. Da indess beim Herauf- und Herunterziehen des unteren Fernrohrs das Stativ leicht einmal aus seiner Lage kommt, empfiehlt es sich, das obere Fernrohr auf ein eigenes kleines Stativ zu stellen. Beide Fernrohr-Stative werden dann auf zwei Platten gestellt, die an einem hohen kräftigen feststehenden Holz oder Eisenrohr verschiebbar angeschraubt sind. Die Platten befinden sich die einen rechts, die anderen links von diesem Rohr. Dass die Axen der Fernröhre unter diesen Umständen nicht genau parallel stehen, erschwert die Ablesungen nicht, da bei der Entfernung von Fernrohr und Eudiometer der Winkel der Axen ein sehr kleiner ist.

Bei der Aufstellung der Fernröhre muss beachtet werden, dass ihr Standpunkt genau in der Verlängerung der Speiche liegt, an der das Eudiometer vor dem Barometer hängt. Denn nur bei dieser Stellung hindern die an der hinteren Seite des Cylinders hängenden Eudiometer die Ablesung nicht. Aus demselben Grunde muss das Rad eine ungerade Anzahl Speichen haben. Denn sonst tritt bei jeder Ablesung genau hinter das abzulesende Eudiometer ein anderes und hindert die Ablesung.

Bei der unteren Ablesung kann es vorkommen, dass in Folge von ungünstiger Einstellung die Zahlen nicht genau zu erkennen sind, dann sind dieselben bei der Weiterdrehung des Eudiometers doch stets mit Sicherheit zu lesen. Uebrigens thut man selbstverständlich auch jetzt gut daran, alle Ablesungen mit blossem Auge zu controlliren. Eine zweifelhafte ist leicht wiederholt.

Bei dem geschilderten Modus sind Verwechselungen der Ablesungen an verschiedenen Eudiometern, dass also z. B. die obere Ablesung an einem zur unteren am anderen gefügt wird, nicht möglich.

Das Thermometer wird mit blossem Auge abgelesen. Es ist am besten am Barometer befestigt. Es muss auf 0,05^0 genau zeigen. Um die Temperatur des Wassers in allen Schichten gleich zu erhalten, wird von Zeit zu Zeit Luft durch dasselbe geblasen. Zu diesem Zweck hängt an der inneren Wand des Glascylinders ein oben umgebogenes starkwandiges Glasrohr, an dessen äusserem Ende zwei Kautschukballons mit einem Ventil sich befinden, wie sie an den Sprayflaschen angebracht sind.

Dass man der Temperatur so sicher ist und ruhig aus der Nähe die Analyse controlliren, eventuell ohne wesentlichen Zeitverlust Stellungsänderungen vornehmen kann, sind vielleicht die grössten Annehmlickeiten der Methode.

Zum Schluss möchte ich erwähnen, dass ich lange Zeit mit einem kleinen Apparat gearbeitet habe, der nur für eine Analyse berechnet war. Derselbe ist sehr viel einfacher, da man zu diesem Zweck nur eine kleine Wanne und einen sehr leichten Glascylinder zu haben braucht. Ueber der Wanne befindet sich, an einem Stativ befestigt, ein breiter eiserner Ring. An die Innenwand dieses Ringes werden Eudiometer und Barometer bei der Einsetzung in die Quecksilberwanne gelehnt. Alsdann wird der Glascylinder mit der Hand über Eudiometer und Barometer gestülpt. Dann erst wird das Eudiometer an seine Schnur gehängt. Diese läuft über eine Rolle an der Decke und wird unten beliebig festgemacht. Am oberen Rand des Glascylinders ist ein kleiner Stab befestigt, von dem das Barometer herunter hängt. Im Boden der Wanne befindet sich statt der vier nur eine grössere Oeffnung mit einem doppelt durchbohrten Kautschukstopfen, in dem zwei Glasröhren stecken, für Wasserstoff- und Flüssigkeitseinführung in das Eudiometer. Die übrige Construction ist dieselbe wie die der geschilderten Wanne. Die Schnur für die Beleuchtungskugel läuft über ein zweites Rad über demjenigen, an dem das Eudiometer hängt.

Der Apparat ist ausserordentlich einfach herstellbar und genügt, sobald man nicht grössere Reihen von Analysen anzustellen hat, vollkommen.

Der Wasserstoffapparat.

Von allen Apparaten, die wir zur Analyse gebrauchen, ist wohl der am meisten gebrauchte der Wasserstoffentwickler.

Da Pflüger nachgewiesen, dass auch der nach Bunsen bereitete electrolytisch dargestellte Wasserstoff nicht die absolute Garantie der Reinheit bietet, ist es wohl gerathen, zur bequemen chemischen Darstellung desselben zurückzukehren. Ausserdem ist der aus reinem Zinc. granulat. und Schwefelsäure bereitete mit angesäuertem übermangansaurem Kali und Natronlauge gewaschene Wasserstoff in der That ausserordentlich rein.

Die Construction eines auf diese Methode hin gebauten, für den Analysenapparat verwendbaren, Wasserstoffentwicklers stiess indess auf ausserordentliche Schwierigkeiten.

Der Punkt, an welchem der Wasserstoff in den Apparat tritt, ist der Boden der Wanne. Dort herrscht ein Ueberdruck von 12 und mehr Centimeter Quecksilber. Die Folge war, dass das Einströmen des Wasserstoffs stossweise vor sich ging; eine genaue Dosirung war unmöglich. Sollte sodann die Entwicklung unterbrochen werden, so strömten, sobald der Apparat an irgend einer Stelle mit der Atmosphäre communcirte, in Folge des in ihm herrschenden Ueberdrucks die Waschflüssigkeiten in einander über. Endlich zeigt sich, dass beim Stehen das übermangansaure Kali nicht unbedeutende Quantitäten Wasserstoff absorbirt und auf diese Weise dann die Natronlauge hinübersaugt.

Die Methode, alle diese Schädlichkeiten zu vermeiden, basirt auf zwei Principien:

1. Man erhält auch bei sehr starkem Gasstrom unter sehr hohem Druck ein vollkommen continuirliches Ausströmen, wenn das Ende der Leitung durch eine Glascapillare (Thermometerrohr) gebildet wird. Man braucht nur an einem festverstöpselten Wasserstoffentwickler eine solche Capillare zu befestigen und unter Quecksilber beliebig tief zu versenken, um sich von der Thatsache zu überzeugen.

2. Lässt man die Röhren, die den Wasserstoff in die Waschflaschen führen, in diesen unter Quecksilber münden, so darf man die Entwickelungsflasche mit der Atmosphäre communiciren lassen, auch wenn in den Waschflaschen Ueberdruck herrscht, ohne ein Zurückströmen der Waschflüssigkeiten zu erhalten. Denn der Ueberdruck wird durch die Quecksilbersäule im Glasrohr äquilibrirt. Der Apparat ist demnach folgender (s. die Tafel). In Flasche I befindet sich ein

Liter 7 proc. Schwefelsäure. Im Tubus steckt ein doppelt durchbohrter Kautschukstopfen mit Glasröhren. Die eine führt in die Luft, die andere vermittelst eines Gummischlauches zu Flasche II. Diese hat einen oberen und einen seitlichen Tubus. In beiden stecken einfach durchbohrte Kautschukstopfen mit Glasröhren. Die Glasröhre im seitlichen Tubus führt bis auf den Boden. In der Flasche ist Zink. Vom oberen Stopfen geht ein starkes Glasrohr mit einer Lichtung von 2 bis 3 Mm. zur ersten Waschflasche (III). In seinem Verlauf ist ein TStück eingeschaltet, dessen freier Schenkel einen mit Holzklemme verschliessbaren Schlauch trägt. Wird dieser Schlauch geöffnet, so tritt aus der Schwefelsäureflasche Säure in die Zinkflasche über. Sobald genug übergeflossen, wird der zwischen Flasche I und II befindliche Schlauch durch eine Holzklemme geschlossen, ebenso dann der am TStück befindliche, und der sich entwickelnde Wasserstoff tritt in die Waschflaschen. Diese, drei an der Zahl, sind Glascylinder, oben mit doppelt durch bohrtem Kautschukstopfen versehen. Der Boden der Waschflaschen ist mit Quecksilber bedeckt. Die Röhre, durch die der Wasserstoff eintritt, mündet in dies Quecksilber. In der ersten Waschflasche befindet sich Natronlauge, in der zweiten angesäuertes Kalihypermanganicum, in der dritten Natronlauge. Die verbindenden Glasröhren sind dickwandig, haben ein Lumen von 2 bis 3 Mm. Die Schläuche sind so übergezogen, dass an der Verbindungsstelle zweier Röhren Glas auf Glas reibt. Die Röhren mit geringem Lumen haben den Vorzug, dass die einzelnen Wasserstoffblasen, die in die Waschflaschen eintreten, klein sind und in Folge dessen die Waschflüssigkeit bei ihrem Durchtreten keine starken Wellen schlägt. Man kann daher die schädlichen Räume in jedem Cylinder sehr klein machen, ohne fürchten zu müssen, dass Flüssigkeit übergerissen wird. In den ersten Cylinder führt eine wirkliche Capillare (Thermometerröhre), um die Zinkflasche vor dem Eintritt von Quecksilber zu schützen.

Vor, zwischen und hinter den Waschflaschen befinden sich kleine Glaskugeln, die in den Verlauf der Verbindungsstücke eingeschaltet sind, um das Ueberreissen von Flüssigkeitsschaum zu verhüten. Von der letzten dieser Glaskugeln führt ein Kautschukschlauch zu einem Gabelrohr aus Glas (i). Von diesem führen zwei Schläuche an zwei ganz enge starkwandige Capillarröhren. Die eine derselben nimmt denselben Verlauf, wie das Rohr, durch das Flüssigkeit in die Eudiometer injicirt wird. Das andere Capillarrohr steckt in einem dickwandigen Reagenzglas voll Quecksilber, das an der Seite der Wanne mit Colophoniumwachs befestigt ist. An den Schläuchen, die vom Gabelrohr zu den Capillaren führen, liegen zwei Holzklemmen. Ist in der oben beschriebenen Weise Schwefelsäure in die Zinkflasche geleitet, so wird zunächst der nach dem Reagensglas führende Schlauch geöffnet und der Wasserstoff perlt zunächst durch das Quecksilber in diesem, bis der ganze Apparat hinreichend ausgewaschen ist. Nachher ist es leicht, durch Regulirung mit beiden Holzklemmen beliebige Mengen Wasserstoff in den Analysenapparat treten zu lassen. Das überflüssige Gas geht nach wie vor durch das Reagensglas. Ist genug Wasserstoff eingetreten, so schliesst man mit der Holzklemme den Schlauch, der seinen Eintritt beherrscht, und öffnet die Verbindung von der Zink- zur Schwefelsäureflasche. Die Schwefelsäure tritt zurück und die Entwickelung hört auf.

Im Apparat herrscht während der Entwickelung ein sehr starker Druck. Dies ist ein sehr günstiges Moment, denn wenn irgendwo eine freie Oeffnung sich befindet, kann wohl Wasserstoff hinaus-, aber nicht Luft hineindringen. Alle Stopfen sind mit übersponnenem Kupferdraht oder Eisenschnur festgezogen, um diesem hohen Druck widerstehen zu können.

Die Anstellung der Analyse.

Die Eudiometer, in denen die Analysen angestellt werden sollen, müssen nach einer vorläufigen Ausspülung mit Wasser etc. mit rauchender Salpetersäure und destillirtem Wasser sorgfältig gereinigt sein. Das weitere Verfahren richtet sich danach, ob bei der Analyse über dem Quecksilbermeniscus von vornherein noch eine Flüssigkeitsschicht stehen soll oder nicht. Wo es angeht*), ist das erstere bequemer. Denn einerseits hat man bei den Menisken der Flüssigkeiten in reinen Röhren viel constantere Verhältnisse, als bei Quecksilbermenisken und dann bleiben wenigstens bei vorsichtigem Einlassen der Gase in's Eudiometer keine Quecksilberperlen an der Wand haften. Die Flüssigkeit aber läuft im reinen Rohr binnen kurzer Zeit fast vollständig zusammen. Man lässt also, wenn möglich das Eudiometer nach der Reinigung nass, giesst am besten noch eine Quantität Wasser hinein. Denn wenn nun das Eudiometer mit Quecksilber gefüllt wird, legt sich dasselbe ohne Luftblasen an die Wände an. Ist das Eudio-

---

*) d. h. also, wenn die Absorptionscoefficienten der Gase für die betreffende Flüssigkeit sehr gering sind, wie z. B. bei Sauerstoff und Stickstoff gegenüber Wasser, und wenn es nicht auf die äusserste Grenze der Genauigkeit ankommt.

meter voll, so giesst man etwas Quecksilber ab, statt dessen kochendes Wasser auf und dreht nun das Eudiometer auf dem Daumen um und setzt es in Quecksilber. Sollen hingegen die Eudiometer trocken oder doch nur mit wenig Flüssigkeit benetzt verwandt werden, so ist es am besten, das Eudiometer nach Auswaschung mit rauchender Salpetersäure und Wasser mehrfach mit Alkohol absolutus und eventuell (siehe die Bemerkungen im VII. Capitel) Aether absolutus auszuspülen. Alsdann wird in das Eudiometer ein dünnes reines Glasrohr gelegt und nun Luft durchgeblasen. Binnen kurzer Zeit ist das Glasrohr trocken. An der so behandelten Glaswand adhärirt das Quecksilber ausserordentlich wenig. Das Auswischen der Röhren habe ich hingegen ganz aufgegeben. Einerseits erhält man nie so reine Glaswände, wie nach dem geschilderten Verfahren und dann ist die Gefahr des Zurückbleibens von Leinwand- oder Papierfasern eine sehr grosse. Auch das Erhitzen der Röhren zur Trocknung ist gefährlich, da auf eine starke Erhitzung leicht eine dauernde Volumsveränderung folgt.

So viel Eudiometer zur Analyse verwendet werden sollen, so viel Schnüre werden vom Rad heruntergelassen.

Jedes Eudiometer wird einzeln für sich eingesetzt, angehakt und sofort zum Hängen gebracht, damit es das Einsetzen der anderen nicht stört. Dann wird der Cylinder heruntergelassen, in der Wanne gerade gestellt und die Balancirgewichte abgehakt. Während das Wasser einfliesst, richtet man sämmtliche Eudiometerscalen zur Ablesung.

Vor jedem Turnus von Ablesungen schüttelt man die Eudiometer etwas, namentlich wenn man es mit reinen Quecksilbermenisken zu thun hat.

Sind sämmtliche Eudiometer einmal abgelesen, so controlirt man aus der Nähe mit blossem Auge die gewonnenen Daten. Es ist am einfachsten, zu diesem Zweck die Eudiometer wieder rückwärts wandern zu lassen. Wieviel Zeit man zu einem solchen Turnus von je fünf Bestimmungen braucht, hängt sehr wesentlich davon ab, ob man selbst die Daten aufschreibt oder einem Anderen dictirt. Hat man keine Assistenz, so dauert ein gesammter Turnus mit Controle etwa 10 Minuten. Ist die erste Serie der Ablesungen beendet, so hebt man die Füllkugel, die den Quecksilberstand in der Wanne beherrscht, und macht nun die zweite Ablesung unter verändertem Druck.

Unter allen Umständen ist es jetzt anzurathen, eine solche Controlbestimmung vorzunehmen. Die Sicherheit der Resultate ist bedeutend grösser, die Schärfe der Analyse gesteigert, da man einen Mittelwerth aus zwei Bestimmungen erhält, und wenn irgendwo ein

Ablesungsfehler passirt, sieht man wenigstens sofort den Punkt, wo der Irrthum liegt. Die Zeit aber, die eine Ablesung mehr wegnimmt, ist in der That eine so geringe, dass sie gegenüber diesen Vortheilen nicht ins Gewicht fällt.

Das Gas im Eudiometer nimmt ausserordentlich schnell die Temperatur des umgebenden Wassers an, spätestens nach zwei bis drei Minuten.

Vor und nach jedem Turnus mischt man das Wasser im Cylinder und liest die Temperatur ab.

Zu jeder Eudiometernummer im Protocoll notirt man den Buchstaben des Eisenrohres.

Nach dem oben Angeführten ist es nur bei sehr feinen Analysen nöthig, ausser den Kuppen auch noch den Rand von Menisken abzulesen, und zwar ist auch dann stets nur der Rand des das Gas im Eudiometer begrenzenden Meniscus zu bestimmen. Den Rand des Quecksilbermeniscus bestimmt man am besten mit blossem Auge bei der Controlirung der Ablesungen.

Die Ablesung des Meniscusrandes wird nach der (S. 12) beschriebenen Methode vorgenommen. Die Ausführung stösst beim Quecksilbermeniscus auf Schwierigkeiten, wenn sich etwas Flüssigkeit über demselben angesammelt hat. Alsdann ziehe ich folgenden Ablesungsmodus vor: Das Eudiometer, an dem die Ablesung erfolgen soll, wird durch Drehung des Rades R (der Tafel) in eine solche Stellung gebracht, dass es mit seiner Scala sich dem einen der beiden Seitenpfosten des Galgens gegenüber befindet; es wird demnach das Rad R um 90° weiter gedreht, als es bei der Fernrohrablesung des betreffenden Eudiometers stand. Alsdann spiegelt sich das Fensterkreuz im Meniscus des Quecksilbers. Die Linien des Fensterkreuzes erscheinen gekrümmt, soweit der Quecksilbermeniscus reicht, und man erkennt mit blossem Auge hinreichend deutlich den Punkt, wo diese gekrümmte Linie in eine gerade übergeht. Dieser Punkt ist der Rand des Quecksilbermeniscus.

Die Ablesungen notirt man stets nach einem bestimmten Schema. Ich bevorzuge, um ein Beispiel zu geben, folgendes:

	Kuppe des Quecksilbermeniscus	Kuppe des Flüssigkeitsmeniscus	Rand
Unten (Eudiometer)	45,20	45,00	44,6.
Oben (Barometer)	15,00	14,70	

An und für sich wäre es nicht nöthig, jedesmal im Barometer die Höhe der Flüssigkeitssäule zu bestimmen. Indess ist es doch vorzuziehen; denn wenn sämmtliche Höhenbestimmungen bei einem Turnus von Ablesungen dasselbe Resultat ergeben, hat man eine

Sicherheit mehr, dass kein Ablesungsfehler vorfiel. Da ausserdem die Ablesung des Flüssigkeitsmeniscus im Barometer keine neue Fernrohreinstellung erfordert, kostet sie wenig Zeit.

Gase und Flüssigkeiten werden in der beschriebenen Weise in die Eudiometer eingeführt. Der Wasserstoffapparat wird etwa 10 Minuten, ehe er gebraucht wird, in Gang gesetzt.

Für die Einführung fester Substanzen in die Absorptionsröhren muss das Wasser abgelassen und der Cylinder gehoben werden. Um die betreffenden Kali-Coaks- etc. Kugeln bequemer einführen zu können, ist das Eisenrohr (e der Tafel) angebracht. Jede Kugel steckt an einem nicht zu dünnen, geraden Platindraht. Dieser wird tief in die Eisenröhre eingeführt, bis die Kugel weit unter dem Quecksilberspiegel steht. Alsdann wird das Absorptionsrohr hängend über diese Stelle gebracht und mit sehr geringer Nachhilfe steigt die Kugel im Rohr auf. Man bedient sich zur Führung des Drahtes einer kleinen Tiegelzange. Auf diese Weise werden feste Substanzen bequemer wie bisher auch in lange Eudiometer gebracht. Das Ende des Drahtes wird selbstverständlich unter Quecksilber umgebogen.

Die Anstellung der Normalgasanalyse.

Bei der gewöhnlichen Analyse werden eine Anzahl kleiner Fehler begangen, die vermeidbar sind. Es sind im Wesentlichen folgende:

1. Die Fehler der Ablesung. Diese eliminirt man durch mehrfache Wiederholung derselben Bestimmung unter verändertem Druck. Eine mindestens dreimalige Bestimmung desselben Gasquantums ist wünschenswerth.

2. Man bestimmt stets die Meniscushöhen. Es empfiehlt sich ausserdem mit möglichst constanten und zuverlässigen Menisken zu arbeiten. Verfügt man nicht über einigermassen reines Quecksilber, so wählt man, wenn es angeht, Flüssigkeitsmenisken.

Da die Gase meist mit Wasserdampf gesättigt analysirt werden, so liegt es am nächsten, den Wassermeniscus zu verwenden. Allein der reine Wassermeniscus ist so empfindlich, dass es wünschenswerth war, einen Ersatz für ihn zu suchen. Concentrirtere Laugen und Säuren, deren Tension erheblich von der des Wassers abweicht, sind nicht verwendbar, da sie austrocknend wirken. Flüssigkeiten, deren Tensionen nicht mehr nachweislich von der des Wassers abweichen, sind 1 proc. Kalilauge und wässerige Lösungen von schwefelsaurem Kali.

Selbst bei einer Lösung dieses Salzes vom specif. Gewicht 1,07 konnte ich nicht mehr mit Sicherheit bei Zimmertemperatur eine Abweichung von der Wasserdampftension nachweisen.

Die Methode, um Dampftensionen zu bestimmen, ist eine sehr einfache. Man beschickt ein mindestens 14 Mm. breites, etwa 1 Meter langes Glasrohr mit der zu prüfenden Flüssigkeit in der Weise, wie es oben bei der Darstellung des Barometers geschildert ist und hängt es an eine der Speichen des Analysenapparates, in derselben Weise, wie man sonst die Eudiometer aufhängt. An eine daneben stehende Speiche wird das Wasserbarometer gehängt. An die Stelle, wo bei der Analyse das Barometer sich befindet, wird ein Eudiometer oder sonst ein fein graduirtes Rohr placirt. Alsdann wird der Apparat mit Wasser gefüllt und nun liest man den Stand der Menisken, zuerst des eingesetzten Rohres, und dann des Wasserbarometers an der Eudiometerscala ab, indem man erst das eine, dann das andere vor das Eudiometer dirigirt. Die Bestimmungen ergeben das oben erwähnte Resultat. 2proc. Kalilauge wich etwas (0,2 bis 0,3 Mm.) von der Wasserdampftension ab.

Bei der Normalgasanalyse lässt man die Flüssigkeiten erst dann in das Eudiometer, wenn das Gas bereits eingefüllt ist. Denn der an und für sich bequemeren Methode, zuerst die Flüssigkeiten und dann die Gase in das Eudiometer zu lassen, steht das Bedenken entgegen, dass wenn die Glaswände nicht ganz rein sind, die Flüssigkeiten nur langsam vollständig zusammenlaufen. Sobald aber das Quecksilber nicht ganz rein ist, setzen sich leicht kleine Beimengungen desselben am Glase ab.

Hat man zu dem zu untersuchenden Gase nachträglich ein anderes hinzuzusetzen, so wartet man sorgfältig, bis alle Flüssigkeit wieder zusammengelaufen ist. Bei jeder Ablesung überzeugt man sich, ob die Flüssigkeitsmenisken normale Höhen und scharfe Ränder haben.

3. Da jedes Eudiometer kleine Fehler hat, (z. B. ist die Calibrirung doch immer nur eine Annäherung an das absolut Richtige) ist es nothwendig, die Analyse desselben Gases in mehreren Eudiometern neben einander anzustellen.

4. Bei der Einfüllung der Gase in das Eudiometer achtet man sorgfältig darauf, dass keine Quecksilberperlen an der Wand haften bleiben.

Einige andere Vorsichtsmassregeln werden weiter unten (im VII. Capitel) besprochen werden.

V.

Die Berechnung der Analyse.

Aus dem Druck, dem Volumen und der Temperatur des analysirten Gases berechnet man das absolute Volumen desselben, d. h. den Raum, den es bei 0° und 76 Cm. Quecksilberdruck einnehmen würde. Zu diesem Zweck multiplicirt man zunächst Druck und Volumen des Gases mit einander und dann dieses Product mit dem Werth, durch den die Reduction des Gases auf 0° erreicht wird. Die Zahlen für diese Reduction eines Gasvolumens auf 0° giebt eine von Bunsen berechnete Tabelle, auf die ich weiter unten zurückkomme. Die ganze Rechnung wird selbstverständlich logarithmisch ausgeführt; demgemäss giebt auch diese Tabellle die Logarithmen der betreffenden Reductionswerthe*). Bunsen reducirt die Gase stets auf 0° und 1 Mtr. Quecksilberdruck. Da bei rein chemischen Analysen nur die procentische Zusammensetzung eines Gasgemisches in Frage kommt, ist es für den Chemiker gleichgiltig, welches der absolute Druck ist, auf den reducirt wird. Indess den Physiologen interessirt oft nicht nur die Zusammensetzung, sondern auch die absolute Menge des analysirten Gases, und da ist es denn doch angenehmer, sich auf den geläufigen Begriff des atmosphärischen Druckes zu beziehen, wie es die französischen Autoren und die Physiologen jetzt allgemein thun.

Um die Umrechnung auf 76 Cm. Druck nicht bei jeder einzelnen Analyse vornehmen zu müssen, ist zur oben citirten Bunsen'schen Tabelle für Reduction der Gase auf 0° der Werth log $^{100}/_{76}$ addirt, durch welchen die Reduction auf 76 Cm. Quecksilberdruck erreicht wird.

Auf welche Weise aus der Calibrirungstabelle das richtige Volumen des beobachteten Gases zu entnehmen ist, wurde oben auseinandergesetzt.

Der Druck, unter dem das Gas steht, ist nicht ohne Weiteres aus den Ablesungen zu entnehmen. Es sind zu diesem Zweck zum beobachteten Druck (dem Höhenunterschied der Quecksilbermenisken in Eudiometer und Barometer) drei Correcturen hinzuzufügen:

*) Das Genauere s. Bunsen, Gasometrische Methoden.

1) der Druck von anderen Flüssigkeiten, die sich auf dem Quecksilbermeniscus befinden;
2) die Capillardepression des Quecksilbers;
3) die Reduction der drückenden Quecksilbersäule auf 0°.

1. Auf den Quecksilbermenisken des Barometers und Eudiometers befinden sich häufig andere Flüssigkeiten, deren Druck zu berücksichtigen ist. Da dies Flüssigkeiten von sehr verschiedenem specifischen Gewicht sein können, ist zur Reduction ihres Druckes auf Quecksilberdruck hinten eine Tabelle (VI) berechnet, die die Flüssigkeiten von specif. Gewicht von 0,7—2,0 umfasst.

2. Bei allen Analysen, bei denen wir nur geringe Gasmengen zur Verfügung haben, sehr häufig daher bei physiologischen Untersuchungen, kommen wir in die Lage, enge, etwa 10 Mm. weite Röhren benutzen zu müssen. In diesen aber müssen bei der Druckbestimmung Correcturen angewandt werden, die bei weiten Röhren nicht nöthig sind; denn bei diesen macht sich bereits die Capillardepression geltend.

Mendelejeff hat eine von Kohlrausch interpretirte Tabelle aufgestellt, die die Grösse der Capillardepression in ihrer Abhängigkeit von der Höhe des (trockenen) Quecksilbermeniscus darstellt. Die Tabelle (IV) ist im Anhang abgedruckt. Es kommen in der That Werthe der Capillardepression vor, die bei feinen Analysen nicht vernachlässigt werden dürfen. Eine Frage allerdings hat Mendelejeff nicht in den Kreis seiner Untersuchungen gezogen: wie gross nämlich die Capillardepression des nassen Quecksilbermeniscus ist. Um wenigstens einen Anhalt in dieser Hinsicht zu haben, prüfte ich die Capillardepression des nassen Quecksilbermeniscus in einer Röhre von 10 Mm. Durchmesser. Streng genommen hat man in unserem Fall, sobald sich eine höhere Flüssigkeitsschicht über dem Quecksilbermeniscus befindet, nicht die Capillardepression des Quecksilbers allein zu bestimmen. Denn der Capillardepression des Quecksilbers wirkt die Capillarelevation des Wassers entgegen, die erstere sucht den Quecksilbermeniscus zu tief, die letztere zu hoch zu stellen. Die Methode, die ich anwandte, um diese gesuchte Grösse, die Differenz, Capillardepression des Quecksilbers minus Capillarelevation des Wassers, zu bestimmen, ist folgende: In einen etwa 5 Cm. breiten, ganz reinen Glascylinder wird filtrirtes Quecksilber und ausgekochtes Wasser gegossen und dann von oben her ein mit Scala versehenes Glasrohr der betreffenden Weite senkrecht eingesetzt. Man stellt das Fernrohr auf die Quecksilberoberfläche ein. Zunächst steht nun in Folge der Capillardepression das Quecksilber im Glasrohr unter dem Niveau des äusseren Quecksilberspiegels. Man giesst nun Tropfen für Tropfen soviel Wasser in den Raum zwischen Röhre und Cylinderwand, dass durch den äusseren

Druck sich der Quecksilbermeniscus im Glasrohr soweit hebt, dass seine Kuppe gerade im Fernrohr sichtbar wird. Ist dieser Moment gekommen, so liest man das Niveau des Wassers in der Glasröhre und im Cylinder an der Scala der Glasröhre ab. Die Differenz ist die gesuchte Grösse, ausgedrückt in Millimetern Wasserdruck. Um sicher einstellen zu können, wirft man von oben her das Strahlenbündel einer Sammellinse (mit Wasser gefüllter Glaskolben) auf die Quecksilberoberfläche. Den Wasserdruck, welcher unter den geschilderten Verhältnissen der Kraft der Capillardepression in einer Röhre von 1 Cm. Durchmesser gleich ist, bestimmte ich auf diese Weise zu 2,7 Mm. Wasser = 0,2 Mm. Quecksilber. Die Capillarelevation des Wassers in derselben Röhre bestimmte ich zu 1,3 Mm. Wasser = 0,1 Mm. Quecksilber. Demnach betrüge die Capillardepression des nassen Quecksilbermeniscus etwa 0,3 Mm. Quecksilber. Diese Zahl steht um etwa 0,1—0,2 Mm. tiefer als der Werth, auf den die Mendelejeff'sche Tabelle führen würde.

3. Die drückende Quecksilbersäule ist auf ihre Länge bei 0° zu reduciren. Bisher wurde diese Reduction direct ausgeführt, d. h. es wurde von der beobachteten Länge der Quecksilbersäule der betreffende Werth wirklich subtrahirt. Man kann sich diese Rechnung sparen. Denn da aus den bekannten Werthen sich ableiten lässt, um wieviel eine Quecksilbersäule bei der Reduction auf 0° abnimmt, oder in anderen Worten, durch welche Zahl der beobachtete Barometerstand dividirt werden muss, um auf 0° reducirt zu werden, so ist es möglich, bei der Ausrechnung der Analyse auch diese Division durch Hinzufügung eines Logarithmus auszuführen.

Es sei:

a der beobachtete Drück in Centimetern Quecksilber;

dt die Zahl, die von einer 1 Cm. hohen Quecksilbersäule von der Temperatur t abzuziehen ist, um sie auf 0° zu reduciren;

x der corrigirte Barometerstand;

dann ist:

$$x = a - a\,dt,$$
$$x = a\,(1 - dt),$$
$$\log x = \log a + \log\,(1 - dt),$$

log a ist der Logarithmus des nicht corrigirten Druckes, muss also bei jeder einzelnen Bestimmung aufgeschlagen werden.

Die Logarithmen von (1 — dt) geben wieder eine Tabelle, deren Zahlen Functionen der Temperatur sind. Sie lautet für die Temperaturgrade von 10—15°:

$$\log\,(1 - d_{10}) = 0{,}99926\ {-1}$$
$$\text{„}\ (1 - d_{11}) = 0{,}99919$$

$$\log (1 - d_{12}) = 0{,}99911,$$
$$\text{"} \ (1 - d_{13}) = 0{,}99903,$$
$$\text{"} \ (1 - d_{14}) = 0{,}99897,$$
$$\text{"} \ (1 - d_{15}) = 0{,}99889 \ \text{etc.}$$

Da die Grösse der Logarithmen dieser Tabelle von der Temperatur abhängt, so sind sie zu den gleichfalls von der Temperatur abhängenden Zahlen der oben citirten Reductionstabelle addirt. Es giebt demnach diese Tabelle (V) die Logarithmen für die Reduction des Gases auf 0°, 76 Cm. Quecksilberdruck und zugleich die Reduction der drückenden Quecksilbersäule auf 0°.

Nennt man:

V das beobachtete, aus der Calibrirtabelle entnommene Volumen des Gases;

t die Temperatur des Gases;

Qt diejenige Zahl, mit der multiplicirt die drückende Quecksilbersäule von der Temperatur t auf ihre Länge bei 0° reducirt wird;

h die Höhe der drückenden Quecksilbersäule von der Temperatur t;

Vo das Volumen des Gases bei 0° und dem Druck von 76 Cm. Quecksilber bei 0°;

so ist:

$$Vo = h \cdot V \left(\frac{Qt \cdot 100}{76 \cdot (1 + 0{,}00367)t}\right).$$

Die Tabelle (V) hinten giebt den Werth des

$$\log \left(\frac{Qt \cdot 100}{76 \cdot (1 + 0{,}00367)t}\right).$$

Die Ausrechnung nimmt jetzt, wo stets Doppelanalysen gemacht werden, im Ganzen doch weniger Zeit weg, als früher. Denn mehrere Berechnungen fallen weg: Zur Ermittelung des (uncorrigirten) Druckes waren drei Subtractionen nöthig: es war zu bilden: die Differenz zweier Ablesungen am Eudiometer, und ebenso zweier Ablesungen am Barometer, und dann war die erstere von der letzteren zu subtrahiren. Jetzt ist zu diesem Zweck nur eine Subtraction nothwendig. Gänzlich fällt jetzt weg die Reduction der Quecksilbersäule auf 0° und die Berücksichtigung der Dampftensionen. Die Controllanalyse aber führt auch bei der Ausrechnung sofort auf jeden begangenen Rechenfehler. Stimmen hingegen beide Analysen, so ist es nicht mehr nöthig, wie früher, die Analyse doppelt durchzurechnen.

Um ein Beispiel anzuführen, so seien nach dem obigen (s. S. 52) Schema die Ablesungen eines Gasvolumens, das in einem Eudiometer von 18 Mm. Weite über einem Wassermeniscus steht (die Randablesung am Meniscus ist weggelassen):

	Quecksilberkuppe.	Wasserkuppe.	Höhe der Wassersäule auf dem Meniscus.	
Eudiometer	66,00	65,50	0,50	16,0°
Barometer	20,00	19,80	0,20	
Differ.	46,00 — 0,02 45,98		0,30 = 0,02 Quecksilberdruck.	

Die direct beobachteten Zahlen sind gross, die berechneten klein gedruckt.

Um den Druck des Gases zu berechnen, ist zunächst die Barometerablesung (20,0) von der Eudiometerablesung (66,00) abgezogen. Die Wassersäulen auf den Quecksilbermenisken des Barometers und Eudiometers sind bei der Ausrechnung in entgegengesetztem Sinne zu berücksichtigen, d. h. die Wassersäule auf dem Barometermeniscus erhöht den Druck, die Wassersäule auf dem Eudiometermeniscus erniedrigt ihn. Daher ist in der dritten Columne die Differenz beider (0,50 — 0,20 = 0,30) gebildet, und da die Wassersäule im Eudiometer höher ist, ist ihr in Quecksilberwerth umgerechneter Druck (0,30 Cm. Wasser = 0,02 Cm. Quecksilberdruck) von dem bereits berechneten (links) abgezogen. Die drückende Quecksilbersäule beträgt demnach 45,98 Cm. von 16,0°.

Für die Volumenberechnung ist vom Werth 65,50 (Wassermeniscus) der factische Correctionswerth des Wassermeniscus = 0,05 abzuziehen. Dann entspricht dem Werth 65,45 aus der Calibrirungstabelle zunächst für den $\log \frac{\alpha}{t}$ *) die Zahl 44674, und weiterhin ist:

$$\begin{array}{r} 62{,}00 = 36{,}06 \\ 3{,}45 = 3{,}45 \\ \hline 65{,}45 = 39{,}51. \end{array}$$

Dann ist die Endrechnung (die Kennziffern sind weggelassen):

$$\begin{array}{ll} \log \frac{\alpha}{t} & = 44674 \\ \text{„} \quad 39{,}51 & = 59671 \\ \text{„} \quad 45{,}98 & = 66257 \\ \text{„}^{**}) \ 16{,}0^{0} & = 09323 \\ \hline & 79925 = 62{,}99 \text{ Ccm.} \end{array}$$

bei 0° und einem Druck von 76 Cm. Quecksilber bei 0°.

*) s. S. 17. **) Werth der Tabelle hinten (Tabelle V).

Sehr häufig hat man bei der Analyse ungefähre Rechnungen anzustellen, namentlich, wenn zu einem Gasgemisch ein anderes in annähernd bestimmtem Verhältniss hinzugefügt werden soll.

Lässt man Gasblasen in einem Eudiometer aufsteigen, so ändern sich Volumen und Druck des Gasgemisches. Daher ist eine eigene Rechnung anzustellen, wie gross ungefähr das absolute Volumen des ursprünglichen Gasgemisches ist, und bei welchem Stande des Meniscus nach Zulassung des neuen Gases Druck und Volumen sich so ergänzen werden, dass die absolute Menge des resultirenden Gasgemisches das geforderte vielfache des ursprünglichen sei.

Nach Bunsen stellte man für jedes Eudiometer eine Tabelle her, die ergab, welche absolute Quantität Gas jedem Scalastrich im Eudiometer bei der Analyse entspricht. Nach dieser ist es dann leicht, sich die gewünschten Werthe zu berechnen. Indess man kann den Umweg sparen. Das Princip der Methode ist folgendes:

Zunächst berechnet man, welchen Raum, d. h. also eine wie lange Gassäule das beobachtete Gas im selben Eudiometer bei 1 Cm. Druck einnehmen würde. Die Temperatur wird nicht berücksichtigt. Man multiplicirt zu diesem Zweck das Volumen des Gases, in Scalatheilen ausgedrückt (die Länge der Gassäule), mit dem Druck. Dies ist jetzt sehr einfach ausführbar, da man diese Multiplication in eine Quadratur verwandeln kann. Denn wenn durch Ablassen des Quecksilbers in der Wanne, eventuell auch der Wassersäule im Cylinder der Stand des Barometers soweit erniedrigt ist, dass sein Meniscus sich ungefähr an der Kuppe des Eudiometers befindet, so ist die Gassäule so viel Centimeter lang, als die Grösse des auf ihr lastenden Druckes beträgt. Das Product beider ist also ein Quadrat, das ohne Weiteres aus der Quadrattafel entnommen wird.

Lässt man nun Gas in das Eudiometer treten, so ist das entstehende Volumen bei 1 Cm. Druck auch stets gleich dem Quadrat der Länge der Gassäule. Demnach ist auch das gesuchte Gemisch bei 1 Cm. Druck durch ein solches Quadrat bestimmt. Kennt man aber dieses, d. h. also das Volumen des resultirenden Gasgemisches bei 1 Cm. Druck, so braucht man nur die Wurzel aus ihm zu ziehen und hat dann die gesuchte Länge der resultirenden Gassäule im Eudiometer. Nun ist aber dieses Quadrat (das Volumen des gesuchten Gasgemisches bei 1 Cm. Druck) leicht gefunden. Angenommen, das resultirende Gas soll das $n$fache des ursprünglichen darstellen, so ist das $n$fache des ursprünglichen Quadrats gleich dem gesuchten. Es stehe z. B. der Barometermeniscus an der Kuppe eines Eudiometers, die dem Scalastrich 30,0 entspricht, der Meniscus im Eudiometer steht bei 60,00, so ist Länge und Druck des Gases = 60,00 — 30,00 = 30,00. Die Länge der Gassäule bei 1 Cm. Druck ist = 900.

Soll soviel Wasserstoff zugesetzt werden, dass das resultirende Gasgemisch das 4fache des ursprünglichen bildet, so würde es bei 1 Cm. Druck 4×900 Cm. lang sein = 3600 Cm. Die Länge der Gassäule würde in Wirklichkeit gleich ihrem Druck folglich $= \sqrt{3600} = 60$ sein. Die Eudiometerkuppe entspricht dem Scalastrich 30, demnach ist Wasserstoff einzulassen bis zum Scalastrich $60 + 30 = 90$.

Ein kleiner Vorwurf trifft die geschilderte Methode: Es ist nicht immer bequem, den Barometermeniscus durch Ablassen des Quecksilbers und Wassers zu senken. Dieser Umweg ist in der That zu vermeiden; denn man erhält ein ebenso brauchbares Resultat, wenn man den Scalastrich in der Mitte zwischen Eudiometerkuppe und Barometerablesung statt der Eudiometerkuppe in die obige Rechnung einführt. Es sei dies der Scalastrich s. Die Entfernung von s bis zur Kuppe oder bis zum Barometermeniscus sei = b, die Entfernung bis zum Eudiometermeniscus = a. Dann ist die Länge der Gassäule $= a - b$, der Druck $= a + b$, folglich ist die Länge der Gassäule bei 1 Cm. Druck $= (a + b) \cdot (a - b) = a^2 - b^2$. Nun ist aber b^2 fast immer so klein, dass sein Einfluss bei der Berechnung verschwindet. Denn in maximo beträgt die Entfernung von der Eudiometerkuppe bis zum Barometermeniscus 12 Cm.; demnach ist $b^2 = 6^2 = 36$. Sobald daher $a > 20$, $a^2 > 400$ ist, wie es zu sein pflegt, wird die Grösse b^2 einfach vernachlässigt. Es sei z. B. Ablesung der Eudiometerkuppe = 30, des Barometermeniscus = 18, des Eudiometermeniscus = 60, dann ist $s = 24$.

$$(b = 6, \ b^2 = 36)$$

$$a = 60 - 24 = 36, \ a^2 = 1296.$$

b^2 verschwindet in der Rechnung gegen a^2. Angenommen, es sei das Gas durch Einlassen von Wasserstoff auf das dreifache Volumen zu bringen; dann würde resultiren eine Gassäule von $1296 \cdot 3 = 3888$ Cm. Länge bei 1 Cm. Druck etc.

VI.

Die Blutgasanalyse.

Die Blutgasanalyse zerfällt in drei Theile: Die Messung des verwandten Blutes, die Gewinnung der Gase aus demselben und die Gasanalyse. Der dritte Theil ist im Vorhergehenden behandelt, über den zweiten herrscht wohl Einigkeit. Die Gase werden in der Pflüger'schen oder Ludwig'schen Quecksilberluftpumpe gewonnen. Indess sehr viel verwickelter ist die Messung des Blutes. Zunächst ist von vornherein klar, dass es recht wünschenswerth ist, das Blut, wie es aus der Arterie (oder Vene) strömt, direct zu entgasen, d. h. also es nicht vor der Auspumpung zu defibriniren. Indess diese Forderung schliesst eine bedeutende Complication ein: Denn wenn das Blut sich erst in der Pumpe befindet, so ist bei der Verdunstung im Vakuum eine gute volumetrische Messung nicht mehr ausführbar.

Die einzige sichere Methode, die es erlaubte, die Menge des frisch entgasten Blutes zu bestimmen, war die Pflüger'sche*). Sie war ausserdem die genaueste und für manche Fälle wird sie auch stets unentbehrlich bleiben. Indess, da sie auf mehrfache Wägungen basirt ist, stand doch ihrer allgemeinen Einführung die Umständlichkeit des Verfahrens im Weg. Es ist daher fast stets mit defibrinirtem Blut gearbeitet worden.

Eine volumetrische Methode, das strömende Blut, ehe es in die Pumpe kommt, zu messen, ist von mir gefunden worden**). Sie erfuhr dann später eine weitere Ausbildung, die für einen speciellen Zweck berechnet war***). Diejenige Methode, die ich jetzt ausschliesslich verwende, ist auf ähnliche Principien gebaut, als die genannten. Der Messapparat (Fig. 13) besteht aus einer Kugel (A), die durch zwei Hähne absperrbar ist. Die Stopfen beider Hähne sind so gebohrt, dass die Endpunkte der Bohrung in einem Abstand von 120° stehen. Der untere Hahn (1) trägt drei Fortsätze, den ersten, nach der Kugel A führend, den zweiten, eine einfache Glasröhre, die

*) Centralbl. f. d. med. Wiss., 1867, S. 321, 722.

**) Die Gase des arteriellen Blutes im Fieber. Zeitschr. f. klin. Medicin, 1881, Bd. II, S. 355.

***) Ueber die Wirkungen der verdünnten Luft auf den Organismus. Eine Experimental-Untersuchung von Dr. A. Fraenkel und Dr. J. Geppert. Berlin 1883. Verlag von A. Hirschwald. S. 29.

in die Luft führt (α) und den dritten, der nach der Pumpe leitet. Dieser dritte trägt einen Schliff, der in einen anderen, im Kolben C, passt. Dieser Kolben C wird mit dem Schliff sl an die Pumpe ge-

Fig. 13.

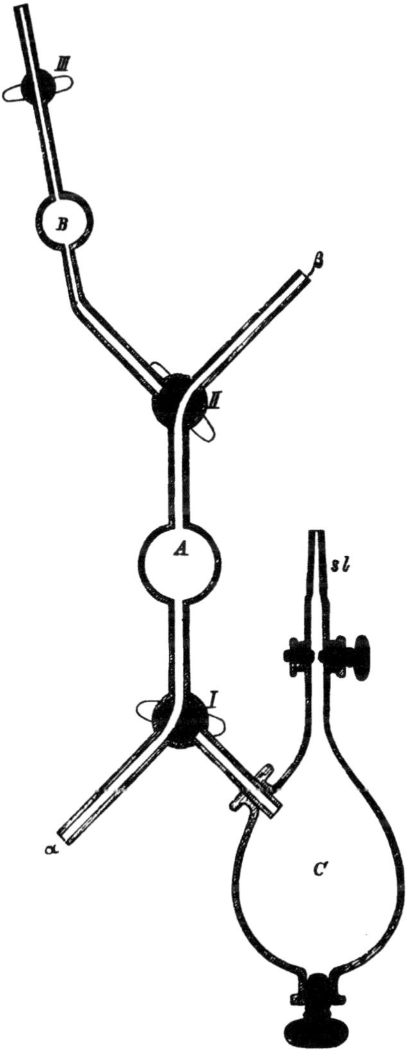

setzt. Vermittelst des Stopfens I kann daher A mit der Luft oder mit der Pumpe communiciren. Der obere Stopfen II hat gleiche Bohrung und der Hahn ähnliche Fortsätze wie Stopfen und Hahn I.

Ein Fortsatz führt zur Kugel A, der zweite ist eine Glasröhre (β), die in die Luft mündet, der dritte geht in eine kleinere Kugel (B) über, die oben durch einen einfachen Hahn III mit Querbohrung verschliessbar ist. Die Kugel A hat etwa 33 Ccm. Inhalt, die Kugel B etwa 5 bis 12.

In den Pumpenkolben C wird vor der Auspumpung etwas Wasser gethan. Ausgepumpt wird bis zum Stopfen I (excl.). Die Arterie des Thieres wird vermittelst Canüle und Schlauch mit dem Glasrohr α verbunden. Die Stopfen sind so gestellt, dass A mit α und β communicirt. Spritzt nun das Blut aus der Arterie, so füllt es das Glasrohr α, die Bohrung des Stopfens I, die Kugel A aus und fliesst durch die Bohrung von Hahn II und das Glasrohr β ab, so dass dasjenige Blut, das mit der Luft in Berührung war, wieder entfernt wird. Alsdann wird Stopfen II so gestellt, dass B mit β und Stopfen I so, dass A mit der Pumpe communicirt und nun stürzt unter dem Einfluss der sich entwickelnden Gase das Blut in die Pumpe und zwar ist das Quantum gleich dem Inhalt von A und der Hahnbohrung von I.

An und für sich würde nach dem Auseinandergesetzten der Apparat mit dem Hahn II abschliessen können. Doch habe ich vorgezogen, auch noch die Kugel B anzusetzen. Will man nämlich mehr Blut entgasen, so lässt man, ehe das Blut einströmt, A mit B communiciren, und stellt Stopfen III so, dass B mit der Luft in Verbindung steht. Dann strömt das Blut wie bisher, nur füllt es noch die Bohrung von II und Kugel B aus und spritzt durch den Hahn III in's Freie ab. Hahn III wird dann gänzlich geschlossen, und nachdem dann Communication zwischen A und dem Vakuum der Pumpe hergestellt ist, fliesst in dieselbe: der Inhalt der Bohrung von I, von der Kugel A, der Bohrung von II und der Kugel B.

Indess häufiger als zu diesem Zweck gebraucht man den kleinen Kolben B für sich allein.

Man stellt Vakuum her bis zum Stopfen II (excl.), lässt die Kugel B durch beide Stopfen mit der Luft communiciren und setzt die Arterie an das Glasrohr β an, lässt das Blut durch die Bohrung von II, die Kugel B und den Stopfen III spritzen, schliesst dann Hahn III vollkommen und stellt Communication von B nach A und der Pumpe her. Dann wird das Blut aus der Hahnbohrung von II und der Kugel B entgast. Ehe das Blut in das Vakuum tritt, öffnet man sämmtliche Hähne der Pumpe, so dass alle Theile derselben communiciren. Häufig ist es vorzuziehen, das angegebene Verfahren in folgender Weise zu modificiren. Man giesst vor der Auspumpung ausser dem Wasser noch etwas Quecksilber in den Kolben C. Nach der Evacuirung schliesst man den Kolben C in sich vollkommen und nimmt ihn von der Pumpe ab. Die Messung des Blutes geschieht dann, wie beschrieben. Ist das Blut im Vacuum des Kolbens C, so wird der Kolben C energisch geschüttelt, damit das Blut sich mit dem dort befindlichen Quecksilber defibrinirt, denn die Klumpen des Gerinnsels pumpen sich ausserordentlich schwer aus. Alsdann wird der Kolben C an die Pumpe gesetzt; bis an den Hahn IV wird evacuirt, Hahn IV geöffnet und dann wie gewöhnlich durch Erwärmen etc. die Gase ausgetrieben.

Die Hahnbohrungen des Apparates müssen weit sein (3—4 Mm.), damit das Blut schnell in das Vacuum strömt. Fliesst es zu langsam, so spritzt man etwas heisses Wasser auf die blutgefüllte Kugel.

Der Inhalt der Kugeln etc. ist durch Quecksilberwägungen bestimmt.

Die Annehmlichkeiten der Methode sind in der That sehr bedeutende. Die Blutmessung ist sehr genau und sehr bequem; sie wird durch zwei Hahndrehungen gemacht. Die Verhältnisse bei der Auspumpung sind stets gleiche und endlich wird die Rechnung sehr vereinfacht; denn da das Blutquantum, das verwandt wird, ein constantes und bekanntes ist, ist es nur nöthig, bei der Ausrechnung der Analyse zu den übrigen Logarithmen einer jeden einzelnen Bestimmung noch den Log. compl. des Inhalts des Messgefässes hinzuzufügen, um bei der Ausrechnung sofort die in 100 Ccm. enthaltene Gasmenge zu erhalten. Der Fehler der Blutmessung ist aber ein so geringer (kaum 0,01 Ccm.), dass man, wo es nicht auf allerhöchste Exactheit ankommt, in der That mit der kleineren Kugel B auskommt. Man erhält dann immer noch eine auf 0,2 pCt etwa stimmende Analyse. Dies ist aber, wie ich glaube, ein grosser Vorzug; denn je geringer das Blutquantum, das dem Versuchsthier entzogen wird, desto besser ist es für den Verlauf und die Beweiskraft des Experiments.

Gegen die geschilderte Methode ist ein Einwand zu erheben: Das Blut kann auf seinem Wege durch den Messkolben Gase abgeben resp. aufnehmen. Indess es war von vornherein wahrscheinlich, dass dieser Fehler nicht in Betracht kommen würde; denn einerseits giebt das Blut seine Gase überhaupt relativ schwer ab, andererseits gelangt gerade diejenige Blutmenge, welche zuerst in den Messkolben strömt, überhaupt nicht zur Auspumpung. Man kann sich ausserdem durch einen sehr einfachen Versuch davon überzeugen, dass zwischen der Luft und dem Blut kein Gasaustausch stattgefunden hat. Pumpt man nämlich eine grössere Quantität Blut in einem anderen Kolben gänzlich aus und lässt dann eine Quantität dieses ausgepumpten

Blutes durch den beschriebenen Messapparat gehen, bis einige Cubikcentimeter übergetreten sind, so erhält man beim Auspumpen aus der gemessenen Blutquantität keine analysirbaren Mengen Gas mehr.

Es hat demnach das Blut beim Durchströmen keine nachweisbaren Mengen Sauerstoff aufgenommen, obgleich es selbstverständlich durchaus oxydirbar ist, wie man durch die Farbenänderung beim Schütteln nachweisen kann.

Zum Schluss noch eine technische Notiz: Die Mischung, mit der ich die Schliffe schmiere, besteht aus 1 Th. Colophonium, 2 Th. weissem Wachs, 3 Th. Vaseline.

VII.

Analytische Daten.

Die folgenden Untersuchungen sind angestellt, um die Fehlergrenzen der bisher geschilderten Methoden zu bestimmen. Vor Allem war daher an dieser Stelle die Grundfrage der ganzen Gasanalyse zu erörtern: Mit welcher Genauigkeit ist es jetzt möglich, ein in einem Eudiometer befindliches Gasquantum zu bestimmen, d. h. also den Raum zu ermitteln, den es bei 0° und 76 Cm. Quecksilberdruck einnehmen würde?

Diese Frage zerfällt in verschiedene:

1. Wie genau lässt sich, bei Beibehaltung desselben Barometers, derselben Dampftension im Eudiometer und desselben abgrenzenden Meniscus, ein Gasquantum bestimmen?

Der Haupttypus dieser Art Bestimmungen ist der Fall, dass das Gas mit Wasserdampf gesättigt, über einem Quecksilber- oder Wassermeniscus steht und das verwendete Barometer ebenfalls mit Wasser beschickt ist.

2. Angenommen, es sei die Fehlergrenze der Beobachtungen erster Art constatirt, so ist die zweite Frage aufzuwerfen: Hat ein Wechsel des das Gas absperrenden Meniscus mit den sich daran anknüpfenden Consequenzen einen nachweisbaren Fehler zur Folge?

Der Haupttypus dieser Bestimmungen ist der Fall, dass zur Absorption von Gasen eine Lauge in das Eudiometer eingeführt wird. Es sind bei dieser Frage noch zwei Fälle zu unterscheiden: Entweder die eingeführte Flüssigkeit ist der Art, dass sie eine Veränderung der Dampftension im Eudiometer zur Folge hat; oder aber die Dampftension bleibt die bereits vorher bestehende. Angenommen, im Eudiometer herrscht Wasserdampftension, so ist ersteres der Fall bei Einführung concentrirter Alkalien oder Säuren, letzteres bei Einführung stark verdünnter Lösungen. Wenn die Tension sich nachweislich durch Einführung der genannten Substanzen ändert, so ist zu untersuchen, ob nach Verlauf hinreichender (d. h. nicht allzu langer) Zeit die reine Dampftension der betreffenden Flüssigkeit im Eudiometer herrscht, wie es z. B. bei reiner Kalilauge der Fall ist. In diesem Fall ist dann ein mit der betreffenden Flüssigkeit beschicktes Barometer zu verwenden und zu controliren, ob durch Einführung dieses Barometers eventuell ein Fehler entsteht.

Ehe ich indess in der Lage bin, die von mir angestellten Analysen mitzutheilen, muss ich auf einen Punkt eingehen, der für feine Analysen von grosser Wichtigkeit, aber bisher eigentlich nie berücksichtigt ist; es ist dies die Frage:

Unter welchen Umständen kann man darauf bauen, dass das Gas im Eudiometer mit Wasserdampf gesättigt ist?

Das Dalton'sche Gesetz besagt allerdings, dass die Dampftension einer Flüssigkeit in einem mit Gas erfüllten Raum dieselbe ist, als im Vacuum. Indess hat Regnault, und zwar zuerst für den Wasserdampf, nachgewiesen, dass das Dalton'sche Gesetz, wie er sich in seinem Résumé ausdrückt, une loi théorique, d. h. nur annähernd richtig ist. Befand sich in Regnault's Apparat das Gas, das mit Wasserdampf gesättigt werden sollte, ungefähr unter Atmosphärendruck, so herrschte in ihm stets eine Wasserdampftension, die bis zu 0,6 Mm. tiefer war, als im Vacuum. Spätere Untersuchungen führten dann Regnault zur Theorie der beobachteten Erscheinung. Die betreffenden Stellen in Regnault's Arbeiten sind folgende:

Die Tabelle zunächst, welche beweist, dass die Wasserdampftension in einem mit Gas erfüllten Raum geringer ist als im Vacuum, ist folgende:

Das Heruntergehen der Dampftension des Wasserdampfes in Gas von einer Atmosphäre Druck gegenüber dem Vacuum nach Regnault*) (das verwandte Gas war einmal Luft, einmal Stickstoff):

---

*) Regnault, Annales de physique et de chimie. Troisième Série, 1845. Études sur l'hygrométrie, p. 129, Tabelle p. 134—136.

Temperatur °C.	Luft Ccm.	Mittel aus
0	0,13	1
12,5	0,6	2
14,6	0,5	2
15,0	0,3	2
18,23	0,18	2
21,0	0,25	2
23.1	0,3	2
24,7	0,4	2
27,9	0,3	2
31,0	0,35	2
34,2	0,15	1
18,24	0,54	2
22,13	0,71	2
25,73	0,50	2
29,30	0,59	2
32,79	0,56	2
35,96	0,67	2
38,0	0,55	2

Stickstoff Ccm.	Temperatur °C.	Mittel aus
0,20	0	3
0,65	16,5	2
0,63	15.73	2
0,77	12,88	2
0,59	10,95	2
0,63	8,58	2
0,67	7,57	2
0,68	5,27	2
0,65	13,14	2
0,53	17,19	2
0,40	21,46	2
0,58	25,51	2
0,75	28,91	2
0,45	32,52	2
0,28	18,93	2
0,74	15,91	2
0,63	20,0	2
0,71	21,80	2
0,71	23,89	2
0,75	25,44	2
0,74	26,96	2
0,63	29,57	2
0,67	31,89	2

Die wesentlichsten Stellen sodann aus einer späteren Arbeit sind folgende*):

„Lorsqu'un liquide volatil se trouve dans un espace limité en contact à la fois avec un gaz qui remplit cet espace et avec la matière qui forme ses parois il tend à produire de la vapeur jusqu'à ce que la tension de celle-ci soit égale à celle que la vapeur prend à la même température dans le vide. Mais cette vapeur se trouve au contact de la paroi qui par son affinité hygroscopique en condense une portion à la surface. L'espace se trouve donc au-dessous de la saturation tant que la paroi n'a plus condensé la quantité de liquide nécessaire pour satisfaire son action attractive sur la vapeur. Cette quantité peut être évaluée en épaisseur de la couche liquide.

Dans les parties où cette paroi est verticale la couche liquide ne peut pas augmenter indéfiniment d'épaisseur parce que la pesanteur tend à faire couler le liquide vers le point le plus bas. On conçoit donc que si la couche qui reste adhérente à la paroi sous les influences opposées de l'affinité hygroscopique et de la gravité n'est pas assez

---

Regnault, Mémoires de l'Académie des sciences de l'institut de France, Tome XXVI, 1847, p. 694, 695.

épaisse pour neutraliser l'action attractive de la paroi sur la vapeur, l'espace doit perdre de la vapeur et si la vapeur perdue ne lui est pas rendue avec la même rapidité par le liquide en excès la vapeur montrera dans l'air une force élastique moindre que celle, qu'elle prendrait à la même température dans le vide. . . . . . Un effet semblable ne peut pas se produire dans le vide parce que la vaporisation du liquide y est très rapide et rétablit immédiatement la vapeur qui se condense sur ses parois."

„En résumé je crois pouvoir conclure de l'ensemble de mes observations que la loi de Dalton sur les mélanges des gaz et des vapeurs peut être regardée comme une loi théorique, laquelle se vérifièrait probablement avec toute rigueur, si l'on pouvait enfermer le gaz dans un vase, dont les parois fussent formées par le liquide volatil lui même sous une certaine épaisseur." . . . . .

Regnault's Beobachtungen und Theorien lassen sich in folgende Sätze zusammenfassen: „Befindet sich in einem Glasgefäss ein Gemisch von Gasen und Dämpfen, so bringt eine nicht mit der verdampfenden Flüssigkeit überzogene Wandstrecke eine Verminderung der Tension hervor. Wäre es möglich, die gesammte Glasfläche mit der betreffenden verdampfenden Flüssigkeit zu überziehen, so würde wahrscheinlich die absolute Dampftension wie im Vacuum herrschen."

Nun kann man beobachten, dass, wenn die Eudiometer recht sorgfältig gereinigt sind und nicht zu wenig Wasser in dieselben gethan wird, dann die ganze Glaswand einen fast gleichmässigen Ueberzug von Wasser erhält. Es war demnach zu ermitteln, wie gross der durch die Verminderung der Wasserdampftension hervorgebrachte Fehler sei, resp. ob man ihn nicht überhaupt eliminiren könne.

Die Frage hat namentlich in dem Fall ein Interesse, dass in ein Eudiometer, in dem ein unter Wasserdampftension stehendes Gas sich befindet, concentrirte Kali- oder Natronlauge zur Absorption von Kohlensäure oder Schwefelwasserstoffgas eingeführt wird. Denn in diesem Falle würde der Fehler, welcher die zu geringe Wasserdampftension hervorruft, die betreffende gefundene Kohlensäure- oder Schwefelwasserstoffmenge zu klein erscheinen lassen.

Ich lasse zunächst die sämmtlichen zur Lösung der angegebenen Fragen angestellten Experimente folgen.

Die Ablesungen sind nach dem Schema auf S. 59 angegeben. Die klein gedruckten Zahlen sind die Randablesungen der Menisken.

1. Versuch.

Ein Eudiometer (E) wird sorgfältig mit Wasser so beschickt, dass seine ganze Wand benetzt wird. Zu diesem Zweck werden geringe Mengen Wasser an verschiedene Stellen des Eudiometers vor der Quecksilbereinfüllung gebracht. In die Kuppe vom Eudiometer A wird nur ein Tröpfchen gebracht. In Folge dessen erscheint nachher bei der Analyse die Wand vom Eudiometer E vollkommen mit Wasser beschlagen, Eudiometer A dagegen hat einige schwach oder gar nicht mit Wasser bedeckte Strecken. Nach 24stündigem Stehen wird die Normalbestimmung gemacht. Im Barometer eine Luftblase, deren Druck = 0,02 Cm. Quecksilber ist. Beide Eudiometer 18 Mm. weit. In Betracht kommen folgende Calibrirungsdaten:

A. log V*) 66,00 = 44046 + log 39,285.
E. log V 57,00 = 47773 + log 31,12.

	A.		E.		
1)	66,65 ^{66,82}		66,99 ^{67,13}		16,33°
	16,51	16,37	15,25	15,10	
	A. V.**) 68,57 Ccm.			79,343 Ccm.	
2)	66,82 ^{67,00}		67,16 ^{67,30}		16,35°
	16,90	16,75	15,61	15,47	
	A. V. 68,56 Ccm.			79,37 Ccm.	
3)	67,10 ^{67,23}		67,43 ^{67,56}		16,35°
	17,49	17,34	16,20	16,05	
	A. V. 68,57 Ccm.			79,38 Ccm.	
4)	67,24 ^{67,38}		67,56 ^{67,71}		16,37°
	17,80	17,65	16,50	16,36	
	A. V. 68,59 Ccm.			79,38 Ccm.	

Es wird concentrirte Schwefelsäure in die Eudiometer gelassen und nach 2 Tagen wieder abgelesen. Das Wasserbarometer wird beibehalten und die in ihm herrschende Wasserdampftension in Anrechnung gebracht bei der Berechnung.

	A.		E.		
1)	67,350	67,10 ^{66,84}	67,67	67,415 ^{67,15}	17,15°
	18,865	18,72	17,58	17,42	
	A. V. 68,63 Ccm.			79,41 Ccm.	
2)	67,15	66,90 ^{66,64}	67,465	67,21	17,15°
	18,42	18,27	17,14	16,99	
	A. V. 68,66 Ccm.			79,387 Ccm.	
3)	66,85	66,60 ^{66,34}	67,17	66,91 ^{66,65}	17,15°
	17,75	17,60	16,455	16,30	
	A. V. 68,64 Ccm.			79,396 Ccm.	
4)	66,50	66,245 ^{65,98}	66,805	66,55 ^{66,30}	17,15°
	16,94	16,79	15,65	15,50	
	A. V. 68,65 Ccm.			79,365 Ccm.	

Es werden nach noch 2 Tagen abermals zwei Normalbestimmungen gemacht.

	A.		E.		
1)	67,20	66,94 ^{66,66}	67,50	67,25 ^{66,98}	16,25°
	18,58	18,44	17,285	17,14	
	A. V. 68,68 Ccm.			79,424 Ccm.	
2)	66,98	66,71 ^{66,45}	67,29	67,04 ^{66,76}	16,25°
	18,10	17,95	16,805	16,66	
	A. V. 68,64 Ccm.			79,43 Ccm.	
3)	66,69	66,42 ^{66,15}	66,99	66,74 ^{66,48}	16,25°
	17,43	17,29	16,15	16,00	
	A. V. 68,65 Ccm.			79,386 Ccm.	

---

*) s. oben S. 16—18.

**) A. V. = Absolutes Volumen.

4)	66,50	66,25 ^{65,99}	66,81	66,56 ^{66,30}	16,25°
	17,05	16,90	15,76	15,61	
	A V.	68,62 Ccm.		79,354 Ccm.	

Zieht man aus diesem Versuch die Mittelzahlen, so ergiebt sich:

	A.	E.
feucht gemessen	68,572 Ccm.	79,368 Ccm.
nach 2 Tagen Trocknung	68,645 „	79,39 „
nach 4 Tagen Trocknung	68,647 „	79,398 „

Demnach hatte in dem Eudiometer, dessen Wände stellenweise trocken gewesen waren, nicht volle Wasserdampftension geherrscht; denn feucht gemessen erscheint das Volumen geringer als trocken gemessen. Dagegen ist die geringe Differenz in E hauptsächlich dem Wechsel der Menisken zuzuschreiben.

2. Versuch.

Versuch über die Bestimmung des Fehlers, der durch Einführung eines Schwefelsäuremeniscus hervorgerufen wird. Zu diesem Zweck wird in Eudiometer, die mit trockenem Gas gefüllt sind, Schwefelsäure gebracht. Die Bestimmung des Gasvolumens vor und nach der Einführung der Schwefelsäure giebt die gewünschten Daten.

Ein Eudiometer (A) von 18 Mm. Durchmesser, ein Eudiometer (D) von 10 Mm. Durchmesser werden sorgfältig gereinigt, mit trockenem Luftstrom wird der Aether verjagt. Trockenes Quecksilber wird durch eine sorgfältig gereinigte und getrocknete Capillare in das Eudiometer eingelassen. In der Kuppe der Eudiometer befindet sich noch ein kleiner Tropfen concentrirter Schwefelsäure.

Das Gas, das in die Eudiometer eingelassen wurde, hatte mehrere Tage über concentrirter Schwefelsäure bei einem Druck von etwa 10 Cm. Quecksilber in der Pflüger'schen Quecksilberpumpe gestanden. Die Capillare, durch welche das Gas in die Eudiometer passirte, war gereinigt und getrocknet.

Nach der Einlassung des Gases zeigte sich, dass das Tröpfchen Schwefelsäure im oberen Theil der Eudiometer sich ausgebreitet hatte. Die Menisken blieben ganz trocken. Ein Schwefelsäurebarometer (Fehler = 0,03 Cm. Quecksilber) wurde bei der Analyse verwandt. Die Eudiometer standen 24 Stunden im Apparat, damit, falls doch eine Spur Wasserdampf in die Eudiometer gekommen wäre, er von der Schwefelsäure absorbirt würde. Nach 24 Stunden wurde die Normalbestimmung gemacht, dann Schwefelsäure in die Eudiometer eingelassen und sofort die zweite Bestimmung gemacht. Alsdann blieb das eine Eudiometer (A) noch 2 Tage stehen und es wurde noch eine Bestimmung gemacht. Wäre noch Wasserdampf in dem Eudiometer gewesen, so wäre er absorbirt worden und es hätte sich eine kleinere Zahl ergeben. (Wenn noch Wasserdampf in den Eudiometern vor Einführung der Schwefelsäure gewesen wäre, wäre die Bestimmung nicht einwurfsfrei.)

Folgende Calibrirwerthe kommen in Betracht:

$$\text{A.}\quad \log V\ 58{,}00 = 44245 + \log 31{,}11,$$
$$\log V\ 57{,}70 = 44245 + \log 30{,}81.$$
$$\text{D.}\quad \log V\ 53{,}00 = 91927 + \log 26{,}30.$$

	A.		D.		
1)	57,99 ^{58,09}		57,26 ^{57,35}		15,45°
	17,69	17,10	17,545	15,94	
	A. V. 43,32 Ccm.			12,579 Ccm.	

2)	58,12 [58,21]		57,405 [57,50]		15,45°
	18,01	17,40	17,86	17,25	
	A. V.	43,296 Ccm.		12,584 Ccm.	
3)	58,01 [58,11]		57,29 [57,39]		15,50°
	17,75	17,14	17,60	17,00	
	A. V.	43,296 Ccm.		12,581 Ccm.	
4)	58,60 [58,70]		57,88 [57,97]		15,65°
	19,05	18,45	18,90	18,30	
	A. V.	43,316 Ccm.		12,567 Ccm.	
5)	57,79 [57,90]		57,07 [57,16]		15,65°
	17,21	16,60	17,06	16,56	
	A. V.	43,31 Ccm.		12,577 Ccm.	

Nach Schwefelsäureeinfüllung:

	A.		D.		
1)	58,10	57,66 [57,40]	57,25	56,81 [56,56]	15,75°
	17,19	16,58	16,71	16,10	
	A. V.	43,314 Ccm.		40,55 Ccm.	
2)	58,14	57,69 [57,42]	57,29	56,84 [56,60]	15,75°
	17,25	16,64	16,75	16,15	
	A. V.	43,337 Ccm.		12,586 Ccm.	
3)	58,10	57,65 [57,39]	57,29	56,83 [56,58]	15,75°
	17,15	16,55	16,74	16,14	
	A. V.	43,342 Ccm.		12,585 Ccm.	

Nach 2 Tagen:

A.

1)	57,96	57,52	15,15°
	16,95	16,35	
	A. V.	43,31 Ccm.	
2)	57,85	57,40 [57,14]	15,15°
	16,67	16,06	
	A. V.	43,32 Ccm.	
3)	57,78	57,34 [57,06]	15,15°
	16,52	15,91	
	A. V.	43,325 Ccm.	

Die Berechnung der Mittelzahlen ergiebt:

	A.	D.
vor der Einführung der Schwefelsäure .	43,308 Ccm.	12,578 Ccm.
nach der Einführung der Schwefelsäure	43,331 „	12,581 „
nach 2 Tagen	43,32 „	

3. Versuch.

Versuch zur Bestimmung des Fehlers, den die Einführung von Kalilauge (spec. Gew. 1,45) und Kalilaugebarometer hat. Die Kalilauge hat etwa 25 pCt. der Wasserdampftension. Die Versuche dienen zu gleicher Zeit zur Bestimmung des Fehlers, der durch zu niedrige Wasserdampftension im Eudiometer hervorgebracht wird.

Es werden zwei Eudiometer, A (10 Mm. weit) und B (18 Mm. weit), verwendet.

Das enge Rohr war nur mit rauchender Salpetersäure und Wasser ausgespült und hatte einige Tage an der Wand gehangen. Das weite Rohr war dicht vor dem Versuch mit rauchender Salpetersäure, Wasser, Alkohol und Aether gereinigt.

Fehler des Wasserbarometers = 0,01 Cm.

Fehler des Kalibarometers = 0,01 Cm.

An verschiedene Stellen der Eudiometer werden geringe Mengen Wasser gebracht, alsdann Wasserstoff nach der Füllung mit Quecksilber eingelassen. Der Apparat stand 24 Stunden und hatte dann die Temperatur von 15,4°; alsdann wurde das Wasser auf 20,4° erwärmt und dann wieder auf 15,4° abgekühlt.

Um Erwärmung und Abkühlung gut in der Hand zu haben, sind in den grossen Glascylinder von oben her zwei Röhren geleitet; die eine steht vermittelst eines Schlauches mit einem grossen Stehkolben voll heissen Wassers in Verbindung. die andere führt zum Becken der Wasserleitung. Von unten her strömt durch die geschilderte Communication kaltes Wasser der Wasserleitung in den Cylinder. Unter fortwährendem Mischen des Wassers wird Erwärmung und Abkühlung mit grosser Geschwindigkeit bewirkt.

In Betracht kommen folgende Calibrirdaten:

A. log V 79,00 = 91122 + log 53,07.
B. log V 58,00 = 44245 + log 31,11.

Wasserbarometer.

	A.		B.		
1)	82,02 ^{82,17}		60,85 ^{61,00}		15,40°
	16,75	16,65	16,29	16,19	
	A. V.	37,137 Ccm.		52,227 Ccm.	
2)	81,965 ^{82,12}		60,80 ^{60,96}		15,40°
	16,64	16,54	16,17	16,07	
	A. V.	37,135 Ccm.		52,24 Ccm.	
3)	82,05 ^{82,20}		60,86 ^{61,03}		15,45°
	16,79	16,20	16,32	16,22	
	A. V.	37,145 Ccm.		52,233 Ccm.	
4)	81,96 ^{82,11}		60,80 ^{60,96}		15,48°
	16,62	16,03	16,155	16,06	
	A. V.	37,136 Ccm.		52,254 Ccm.	

Kalilaugebarometer.

Einführung von Kalilauge. Normalbestimmung nach 24 Stunden:

	A.		B.		
1)	82,21	81,64 ^{81,36}	61,05	60,45 ^{60,12}	15,40°
	16,25	15,74	15,79	15,27	
	A. V.	37,174 Ccm.		52,226 Ccm.	
2)	82,16	81,595 ^{81,32}	61,00	60,40 ^{60,08}	15,40°
	16,14	15,61	15,65	15,15	
	A. V.	37,178 Ccm.		52,254 Ccm.	
3)	82,22	81,645 ^{81,37}	61,07	60,45 ^{60,12}	15,45°
	16,26	15,75	15,80	15,29	
	A. V.	37,17 Ccm.		52,23 Ccm.	
4)	82,10	81,53 ^{81,28}	60,95	60,34 ^{60,02}	15,45°
	16,00	15,49	15,52	15,01	
	A. V.	37,173 Ccm.		52,242 Ccm.	

Nach 24 Stunden zweite Normalbestimmung:

	A.		B.		
1)	82,24	81,65 ^{81,37}	61,15	60,50	15,95°
	16,17	15,66	15,85	15,35	
	A. V.	37,17 Ccm.		52,247 Ccm.	
2)	82,21	81,64	61,11	60,49	15,95°
	16,14	15,61	15,81	15,30	
	A. V.	37,162 Ccm.		52,232 Ccm.	

3)	82,23	81,65 ^{81,37}	61,14	60,50 ^{60,18}	15,95°
	16,16	15,65	15,85	15,34	
	A. V. 37,17 Ccm.			52,236 Ccm.	
4)	82,23	81,65 ^{81,38}	61,15	60,50 ^{60,18}	15,95°
	16,17	15,66	15,85	15,34	
	A. V. 37,163 Ccm.			52,247 Ccm.	

Nach 24 Stunden dritte Bestimmung:

A.

1)	82,46	81,87 ^{81,60}	15,85°	2)	82,49	81,89	15,90°
	16,70	16,19			16,71	16,20	
	A. V. 37,154 Ccm.				A. V. 37,15 Ccm.		
3)	82,53	81,94 ^{81,65}	15,90°	4)	82,60	82,00	17,90°
	16,80	16,30			16,95	16,45	
	A. V. 37,177 Ccm.				A. V. 37,172 Ccm.		

Die Mittelzahlen ergeben:

		A.	B.
1. Tag:	feucht gemessen . . .	37,138 Ccm.	52,238 Ccm.
2. „	Kalitrocknung	37,174 „	52,238 „
3. „	Kalitrocknung	37,166 „	52,241 „
4. „	Kalitrocknung	37,163 „	

4. Versuch.

Wiederholung des vorigen Versuches. Beide Eudiometer, B zu 18 Mm. und C zu 10 Mm. Weite, sorgfältig mit rauchender Salpetersäure, Alkohol und Aether gereinigt.

Fehler des Wasserbarometers = 0,015 Cm.

Fehler des Kalibarometers = 0,01 Cm.

Es wird in einer Capillare so viel Wasser abgemessen, dass es entspricht:

in B 0,015 Cm. der Scala,

in C 0,025 Cm. der Scala.

Diese Wassermengen werden bei der Berechnung mit berücksichtigt.

Das Wasser im Apparat wird auf 20° erwärmt; dann steht die Analyse 2 Tage; am 2. Tage sind beide Eudiometer innen überall von einer gleichmässigen Wasserschicht überzogen.

Am 2. Tage Normalbestimmung mit dem Wasserbarometer.

Es kommen in Betracht folgende Calibrirdaten:

B. log V 71,00 = 43852 + log 44,49.

C. log V 61,00 = 91624 + log 34,54.

	B.		C.		
1)	74,46 ^{74,68}		62,60 ^{62,80}		16,10°
	16,70	16,60	16,24	16,13	
	A. V. 94,41 Ccm.			17,163 Ccm.	
2)	74,33 ^{74,54}		62,47 ^{62,67}		16,10°
	16,43	16,31	15,95	15,85	
	A. V. 94,382 Ccm.			17,161 Ccm.	
3)	74,345 ^{74,55}		62,47 ^{62,66}		16,05°
	16,43	16,32	15,95	15,85	
	A. V. 94,454 Ccm.			17,164 Ccm.	
4)	74,27 ^{74,48}		62,40 ^{62,60}		16,10°
	16,29	16,18	15,81	15,70	
	A. V. 94,392 Ccm.			17,154 Ccm.	

Erwärmung auf 21° und Abkühlung. Zweite Normalbestimmung:

	B.		C.		
1)	74,21 ^{74,40}		62,35 ^{62,55}		15,70°
	16,22	16,11	15,75	15,65	
	A. V. 94,428 Ccm.			17,158 Ccm.	
2)	74,155 ^{74,36}		62,30 ^{62,50}		15,75°
	16,105	16,00	15,64	15,54	
	A. V. 94,40 Ccm.			17,154 Ccm.	
3)	74,20 ^{74,40}		62,35 ^{62,55}		15,75°
	16,20	16,10	15,74	15,64	
	A. V. 94,408 Ccm.			17,159 Ccm.	
4)	74,16 ^{74,37}		62,30 ^{62,50}		15,75°
	16,11	16,01	15,65	15,55	
	A. V. 94,408 Ccm.			17,15 Ccm.	

Kalilauge wird eingeführt, das Kalibarometer für die nächsten Ablesungen benutzt. Nach 24 Stunden erste Bestimmung:

	B.		C.		
1)	74,31	73,46 ^{73,14}	62,60	61,60 ^{61,30}	16,85°
	14,95	14,44	14,50	13,98	
	A. V. 94,44 Ccm.			17,18 Ccm.	
2)	74,39	73,53	62,65	61,66 ^{61,36}	16,85°
	15,10	14,58	14,64	14,12	
	A. V. 94,47 Ccm.			17,178 Ccm.	
3)	74,36	73,51 ^{73,19}	62,645	61,645 ^{61,34}	16,90°
	15,05	14,54	14,60	14,07	
	A. V. 94,45 Ccm.			17,18 Ccm.	
4)	74,31	73,47 ^{73,15}	62,60	61,60 ^{61,30}	16,90°
	14,95	14,44	14,50	13,97	
	A. V. 94,445 Ccm.			17,178 Ccm.	

Nach 24 Stunden zweite Bestimmung:

	B.		C.		
1)	74,25	73,40 ^{73,07}	62,53	61,52 ^{61,23}	16,80°
	14,80	14,28	14,35	13,81	
	A. V. 94,482 Ccm.			17,174 Ccm.	
2)	74,21	73,38	62,50	61,50 ^{61,20}	16,80°
	14,75	14,22	14,26	13,75	
	A. V. 94,458 Ccm.			17,185 Ccm.	
3)	74,15	73,31 ^{73,00}	62,45	61,45 ^{61,15}	16,80°
	14,60	14,08	14,12	13,60	
	A. V. 94,442 Ccm.			17,189 Ccm.	
4)	74,12	73,29 ^{72,96}	62,41	61,41 ^{61,12}	16,90°
	14,54	14,02	14,05	13,53	
	A. V. 94,43 Ccm.			17,177 Ccm.	

Die Mittelwerthe ergeben:

		B.	C.
Unter Wasserdampfspannung	1. Normalbest.	94,41 Ccm.	17,161 Ccm.
	2. Normalbest.	94,41 „	17,155 „
Unter der Spannung der Kalilauge von 1,45 spec. Gew.	1. Normalbest.	94,451 „	17,179 „
	2. Normalbest.	94,453 „	17,181 „

5. Versuch.

Wiederholung des vorigen Versuches. Ein 18 Mm. weites (B) und ein 10 Mm. weites Eudiometer (C) werden sorgfältig gereinigt. Das weite wird mit einem in rauchende Salpetersäure getauchten Pfropf aus Glaswolle ausgewischt; das enge wird ganz mit rauchender Salpetersäure gefüllt und bleibt so eine halbe Stunde stehen, die fernere Reinigung wie sonst. In das weite Eudiometer wird so viel Wasser gethan, dass es 0,015 Cm. der Scala entspricht. in das enge so viel, dass es 0,03 Cm. der Scala entspricht. In beide Eudiometer wird Wasserstoff gelassen. Das Wasser des Apparates wird auf 21^0 erwärmt, dann steht die Analyse 24 Stunden.

Auf der Innenwand des Eudiometers B ist eine gleichmässige homogene Wasserschicht ausgebreitet; nur an einer Stelle, in der Mitte der Gassäule, zeigen sich einige Tropfenbildungen. In Eudiometer C derselbe Befund, aber etwas mehr Tropfenbildungen.

Ausser dem in den vorigen Versuchen Untersuchten sollte in diesem Versuch noch folgende Frage entschieden werden: Scheinbar liegt es am nächsten, anzunehmen, dass, wenn man es mit einer mit Wasserdampf nicht gesättigten Gasmenge zu thun hat, die Sättigung am leichtesten sein würde, wenn man die Gasmasse unter höheren Druck setzt und so comprimirt. Indess hatte ich schon sehr häufig, wenn auch nicht ganz constant gesehen, dass namentlich in weiten Röhren das Experiment das Gegentheil ergiebt. Berechnet man nämlich die unmittelbar nach einer stärkeren Compression gewonnenen analytischen Daten, so erhält man meist eine etwas kleinere Zahl als sonst. Die Zahl liegt noch innerhalb der Ablesungsfehler oder überschreitet die Grenze nur wenig.

Fehler des Wasserbarometers = 0,008 Cm.

Die Wasserschicht auf dem Barometer = 0,1 Cm. Höhe.

Die Ablesungen des Wassers im Barometer sind bei diesem Versuch unterlassen.

Es kommen folgende Calibrirdaten in Betracht:

B. log V 71,00 = 43852 + log 44,49.

C. log V 70,00 = 91272 + log 43,89.

Nach 24stündigem Stehen:

	B.	B.	
1)	74,47 ^{74,60}	75,00	17,25°
	18,92	18,52	
	A. V. 90,392 Ccm.	27,911 Ccm.	
2)	74,45 ^{74,59}	74,97 ^{74,75}	17,30°
	18,85	18,45	
	A. V. 90,437 Ccm.	27,91 Ccm.	

Die Wassermasse wird auf 27^0 erwärmt. auf 17,6^0 abgekühlt und das Quecksilberniveau der Wanne stark gehoben:

	B.	C.	
1)	73,72 ^{73,85}	74,25 ^{74,43}	17,60°
	17,25	16,84	
	A. V. 90,34 Ccm.	27,902 Ccm.	
2)	73,71 ^{73,86}	74,25 ^{74,42}	17,60°
	17,23	16,82	
	A. V. 90,356 Ccm.	27,912 Ccm.	

3)	73,66 ^{73,83}		74,91 ^{74,88}		17,00°
	17,12		16,72		
	A. V. 90,374 Ccm.			27,918 Ccm.	

In beide Eudiometer wird Kalilauge (spec. Gew. 1,45) gethan. Nach 24stündigem Stehen wird die erste Normalbestimmung gemacht. Das Kalibarometer hat einen Fehler = 0,005 Cm. Quecksilber:

	B.			C.	
1)	74,99	74,30 ^{74,00}	75,44	74,39 ^{74,14}	17,30°
	19,06	18,55	18,00	17,50	
	A. V. 90,446 Ccm.			27,936 Ccm.	
2)	75,10	74,40 ^{74,10}	75,55	74,50 ^{24,23}	17,30°
	19,31	18,81	18,25	17,75	
	A. V. 90,406 Ccm.			27,932 Ccm.	
3)	75,00	74,33 ^{74,01}	75,45	74,40	
	19,11	18,60	17,05	17,54	
	A. V. 90,44 Ccm.			27,923 Ccm.	

Starke Hebung des Quecksilberniveaus in der Wanne.

4)	74,10	73,41 ^{73,15} *)	74,55	73,49 ^{73,26}	
	17,15	16,64	16,05	15,54	
	A. V. 90,42 Ccm.			27,922 Ccm.	

Nach 24 Stunden:

	B.			C.	
1)	74,03	73,35 ^{73,06}	74,47	73,41 ^{73,18}	15,95°
	17,27	16,75	16,15	15,64	
	A. V. 90,41 Ccm.			27,923 Ccm.	
2)	74,04	73,35 ^{73,07}	74,48	73,42	15,95°
	17,28	16,76	16,155	15,64	
	A. V. 90,41 Ccm.			27,932 Ccm.	
3)	74,01	73,34 ^{73,05}	74,45	73,40 ^{73,16}	15,95°
	17,24	16,71	16,11	15,60	
	A. V. 90,41 Ccm.			27,928 Ccm.	

Die Berechnung der Mittelwerthe ergiebt:

		B.	C.
Das Gasvolumen feucht gemessen	nach 24stünd. Stehen	90,415 Ccm.	27,911 Ccm.
	nach Compression .	90,355 „	27,908 „
Das Gas unter Kalispannung gemessen	1. Tag	90,428 „	27,928 „
	2. Tag	90,410 „	27,928 „

6. Versuch.

Versuch zur Entscheidung der Frage, ob in einem gut befeuchteten Eudiometer Erwärmung und Abkühlung resp. Compression noch hilft, um die Wasserdampfspannung zu erhöhen. Nach der Abkühlung und Bestimmung Trocknung der Gase mit concentrirter Kalilauge (1,45 spec. Gew.) resp. concentrirter Schwefelsäure. Drei Eudiometer, B von 10 Mm., D und E von 18 Mm. Durchmesser, werden sorgfältig gereinigt. Die Reinigung wird in der Weise vollzogen, dass nach der Ausspülung mit rauchender Salpetersäure und destillirtem Wasser noch einmal ein Bausch in rauchende Salpetersäure getauchter Glaswolle durch

*) Da die Höhe des Kalimeniscus hier = 0,26 Cm. ist, so ist der factische Correctionswerth = 0,00 gesetzt.

das Eudiometer geführt wird. Die fernere Ausspülung wird noch einmal mit Säure, Wasser und Alcohol absolutus, nicht mit Aether, gemacht. In die Eudiometer wird so viel Wasser gethan, dass es entspricht in

B 0,02 Cm., D 0.015 Cm., E 0,01 Cm.

Die Eudiometer stehen 24 Stunden nach der Füllung mit Wasserstoff im Apparat. Alsdann zeigt sich folgender Befund:

B zeigt einen überall gleichmässigen Wasserbeschlag, der nach oben mässig stark ist. An zwei Stellen finden sich breite, quere Züge von Wasser. Der untere erstreckt sich in Schlangenform etwa $1\frac{1}{2}$ Cm. lang, der obere hat eine Höhe von 3—4 Mm. und nimmt etwa den vierten Theil des Umfanges des Rohres ein. Die Wasserschicht auf dem Quecksilbermeniscus ist gering.

D zeigt einen überall gleichmässigen Wasserbeschlag. An einer Stelle ein breiter Tropfen. Auf dem Quecksilber eine starke Wasserschicht.

E zeigt einen oben dünnen, aber überall sichtbaren Wasserbeschlag. An einer Stelle finden sich drei grosse Tropfen. Auf dem Quecksilber wenig Wasser.

Fehler des Wasserbarometers = 0,005 Cm.

In Betracht kommen folgende Calibrirdaten:

B. log V 73,00 = 91483 + log 48,35,
log V 74,65 = 90965 + log 50,60,
log V 75,00 = 90965 + log 50,95.
D. log V 71,00 = 43852 + log 44,49.
E. log V 76,00 = 44645 + log 50,10.

Nach 24stündigem Stehen erste Normalbestimmung:

	B.		D.		E.		
1)	77,04 ^{77,18}		81.905 ^{82,10}		80,65 ^{80,81}		15,35°
	19,55	18,99	22,70	22,13	20,49	19,91	
	A. V. 30,80 Ccm.		112,113 Ccm.		114,674 Ccm.		
2)	77,02 ^{77,15}		81,90 ^{82,10}		80,63 ^{80,81}		15,40°
	19,53	18,96	22,66	22,10	20,45	19,90	
	A. V. 30,786 Ccm.		112,16 Ccm.		114,663 Ccm.		
3)	77,00 ^{77,12}		81,865 ^{82,09}		80,60 ^{80,77}		15,40°
	19,46	18,90	22,60	22,05	20,40	19,84	
	A. V. 30,797 Ccm.		112,137 Ccm.		114,637 Ccm.		
4)	77,00 ^{77,13}		81,86 ^{82,09}		80,60 ^{80,77}		15,42°
	19,46	18,90	22,60	22,04	20,40	19,84	
	A. V. 30,801 Ccm.		112,11 Ccm.		114,63 Ccm.		

Die Wassermasse des Apparates wird auf 24 ° erwärmt und einige Zeit auf dieser Temperatur erhalten, dann abgekühlt auf 16,2 ° und nun eine neue Normalbestimmung gemacht:

	B.		D.		E.		
1)	77,14 ^{77,26}		82,05 ^{82,25}		80,76 ^{80,94}		16,20°
	19,60	19,05	22,80	22,24	20,56	20,00	
	A. V. 30,789 Ccm.		112,16 Ccm.		114,64 Ccm.		
2)	77,10 ^{77,25}		82,01 ^{82,22}		80,74 ^{80,91}		16,20°
	19,53	19,97	22,74	22,19	20,50	19,95	
	A. V. 30,787 Ccm.		112,116 Ccm.		114,674 Ccm.		
3)	77,00 ^{77,13}		81,90 ^{82,10}		80,62 ^{80,82}		16,20°
	19,30	18,75	22,50	21,95	20,26	19,72	
	A. V. 30,793 Ccm.		112,14 Ccm.		114,65 Ccm.		
4)	76,87 ^{77,00}		81,80 ^{82,00}		80,51 ^{80,70}		16,25°
	19,04	18,49	22,26	21,71	20,03	19,48	
	A. V. 30,784 Ccm.		112,19 Ccm.		114,637 Ccm.		

Das Quecksilberniveau in der Wanne wird stark gehoben. Der Barometermeniscus wird durch Heben des Barometers wieder an dieselbe Stelle verlegt, wo er vorher stand. Neue Bestimmung in D und E (die Zeit von der Hebung des Quecksilberniveaus bis zur ersten Bestimmung ist 12 Minuten):

	D.		E.		
1)	80,21 ^{80,45}		78,95 ^{78,12}		16,33°
	18,94	18,39	16,67	16,14	
	A. V.	112,095 Ccm.		114,64 Ccm.	
2)	80,20		78,95		16,35°
	18,91	18,36	16,66	16,11	
	A. V.	112,10 Ccm.		114,65 Ccm.	
3)	80,20 ^{80,40}		78,93 ^{79,11}		16.35°
	18,89	18,34	16,63	16,08	
	A. V.	112,137 Ccm.		114,632 Ccm.	

Diese drei Serien von Ablesungen dauern 13 Minuten. Es wird noch 15 Minuten gewartet und dann die letzte Bestimmung gemacht:

	D.		E.		
4)	80,20 ^{80,40}		78,94 ^{79,11}		16,35°
	18,88	18,33	16,63	16,08	
	A. V.	112,16 Ccm.		114,666 Ccm.	

Der Apparat bleibt unberührt 24 Stunden stehen. Weitere Bestimmung:

	D.		E.		
1)	80,20 ^{80,40}		78,94 ^{79,11}		16,00°
	18,95	18,40	16,70	16,15	
	A. V.	112,171 Ccm.		114,68 Ccm.	
2)	80,21 ^{80,45}		78,95 ^{79,14}		16,00°
	19,00	18,43	16,74	16,19	
	A. V.	112,116 Ccm.		114,673 Ccm.	
3)	80,22		78,95		16,00°
	19,00	18,45	16,75	16,20	
	A. V.	112,151 Ccm.		114,63 Ccm.	
4)	80,34 ^{80,55}		79,07 ^{79,24}		16,00°
	19,25	18,69	17,00	16,44	
	A. V.	112,168 Ccm.		114,647 Ccm.	

In B und D wird concentrirte Kalilauge (spec. Gew. 1,45) und in E Schwefelsäure gethan. E wird gegen das Wasserbarometer abgelesen, B und D gegen ein mit Kalilauge beschicktes Barometer.

Fehler des Kalibarometers = 0,004 Cm.

Nach 24 Stunden erste Ablesung. Die Bestimmungen ergeben:

E.

1)	79,78	78,88 ^{78,60}	16,25°	2)	79,83	78,91 ^{78,65}	16,25°
	18,55	18,00			18,65	18,10	
	A. V.	114,713 Ccm.			A. V.	114,684 Ccm.	

3)	79,86	78,95 ^{78,69}	16,25°
	18,74	18,15	
	A. V.	114,66 Ccm.	

	B.		D.		
1)	75,45	74,39 ^{74,12}	80,10	79,41 ^{79,11}	16,40°
	14,44	13,92	17,68	17,16	
	A. V.	30,81 Ccm.		112,10 Ccm.	
2)	75,47	74,42 ^{74,15}	80,13	79,45 ^{79,14}	16,40°
	14,50	13,99	17,74	17,23	
	A. V.	30,81 Ccm.		112,14 Ccm.	
3)	75,50	74,45 ^{74,18}	80,16	79,49 ^{79,16}	16,40°
	14,55	14,05	17,80	17,30	
	A. V.	30,818 Ccm.		112,17 Ccm.	

4)	75,53	74,47 ^{74,20}	80,19	79,50 ^{79,20}	16,40°
	14,61	14,10	17,85	17,35	
	A. V. 30,815 Ccm.			112,15 Ccm.	

Nach 24 Stunden zweite Bestimmung in derselben Art, wie die letztmitgetheilte:

E.

1)	78,84	77,91 ^{77,65}	16,15°	2)	78,85	77,94 ^{77,66}	16,15°
	16,46	15,95			16,50	15,94	
	A. V.	114,70 Ccm.			A. V.	114,726 Ccm.	
3)	78,87	77,95	16,15°	4)	78,95	78,05 ^{77,78}	16,15°
	16,56	16,00			16,75	16,19	
	A. V.	114,676 Ccm.			A. V.	114,701 Ccm.	

	B.		D.		
1)	75,55	74,50 ^{74,22}	80,21	79,54 ^{79,22}	16,15°
	14,75	14.24	18,00	17,50	
	A. V. 30,801 Ccm.			112,12 Ccm.	
2)	75,49	74,42	80,15	79,46 ^{79,15}	16,15°
	14,59	14,06	17,84	17,32	
	A. V. 30,803 Ccm.			112,12 Ccm.	
3)	75,47	74,41 ^{74,15}	80,13	79,45 ^{79,14}	16,15°
	14,55	14,05	17,80	17,30	
	A. V. 30,807 Ccm.			112,134 Ccm.	
4)	75,45	74,40	80,10	79.43 ^{79,12}	16,15°
	14,51	14,00	17,76	17,25	
	A. V. 30,81 Ccm.			112,11 Ccm.	

Die Mittelzahlen dieses Versuches ergeben:

	B.	D.	E.
Nach 24stündigem ruhigen Stehen feucht gemessen .	30,796 Ccm.	112,13 Ccm.	114,65 Ccm.
nach Erwärmung und Abkühlung	30,788 „	112,15 „	114,65 „
sofort nach Compression . .	— „	112,111 „	114,64 „
nach 24stünd. Stehen (Eudiometer- und Barometermeniscus bleiben an denselben Stellen, wie nach der Compression	— „	112,152 „	114,66 „
nach 24stündiger Trocknung mit Kalilauge resp. Schwefelsäure	30,813 „	112,14 „	114,686 „
nach 48stünd. Trocknung .	30,805 „	112,121 „	114,70 „

7. Versuch.

Versuch über den Einfluss, den die Trocknung mit concentrirter Kalilauge (spec. Gew. 1,45) in einem 18 Mm. breiten Rohr bei geringem Druck des analysirten Gases ausübt. In das Eudiometer wird Wasser gethan = 0,01 Ccm. des Eudiometers. Die Normalbestimmung bei feucht gemessenem Volumen und Verwendung des Wasserbarometers (Fehler des Wasserbarometers = 0,005 Cm.):

1)	34.20 ^{34,39}		16,40°	2)	34,14 ^{34,30}		16,40°
	16,20	15,65			15,96	15,42	
	A. V.	5,3564 Ccm.			A. V.	5,3725 Ccm.	

3) 34,11 16,40° 4) 34,15 16,40°
15,90 15,35 16,04 15,50
A. V. 5,3625 Ccm. A. V. 5,358 Ccm.

Kalilauge wird eingelassen, und am Kalibarometer abgelesen. Fehler des Kalibarometers = 0,005 Cm. Es kommen in Betracht folgende Calibrirdaten:

log V 32,00 = 44089 + log 6,39.

Nach 24 Stunden neue Ablesung:

1) 33,98 33,26 32,95 15,40° 2) 33,94 33,20 32,90 15,40°
13,47 12,96 13,29 12,76
A. V. 5,361 Ccm. A. V. 5,355 Ccm.

3) 33,91 33,19 32,88 15,40° 4) 33,90 33,17 32,86 15,40°
13,21 12,70 13,16 12,65
A. V. 5,361 Ccm. A. V. 5,357 Ccm.

Die Mittelzahlen ergeben:

Dasselbe Quantum Wasserstoff feucht gemessen . . . . 5,362 Ccm.
bei einem Druck von etwa 21 Cm. und unter Kalilauge getrocknet . . . . 5,358 „

8. Versuch.

Versuch zur Ermittelung des Fehlers, der durch Einführung des Meniscus einer verdünnten Lauge oder des Wassers hervorgebracht wird, nebst Bestimmung der Trocknung, die durch eine solche verdünnte Lauge hervorgebracht wird. Es wurden zu diesem Zweck zwei Laugen verwandt, eine 7—8 proc. Natronlauge und eine 6 proc. Kalilauge (spec. Gew. 1,064). Die Natronlauge hatte ursprünglich ein specif. Gewicht von 1,09 und wurde etwa um den zehnten Theil verdünnt, so dass die oben genannte Concentration sich ergab. Die 7 proc. Natronlauge hat nach Bunsen bei Zimmertemperatur eine um 1,1 Mm. niedrigere Tension als Wasser. Die Tension der von mir verwandten Kalilauge bestimmte ich direct nach der oben (bei Besprechung der Normalgasanalyse) geschilderten Methode; es ergab sich, dass sie um 0,5—0,6 Mm. tiefer stand als die Wasserdampftension.

Es werden 4 Eudiometer verwandt: A (18 Mm. weit), B (10 Mm. weit), D (18 Mm. weit), E (18 Mm. weit); in A, D, E ist Wasser hineingethan = 0,013 Cm., in B = 0,02 Cm. der Scala. Alsdann wird in sämmtliche Eudiometer Wasserstoff hineingelassen. Mit Absicht wird nur wenig Wasserstoff eingelassen, um unter geringem Druck die Gase zu haben.

Die Anordnung der analytischen Daten ist in den nächsten Versuchen, bei denen eine grössere Anzahl Eudiometer verwandt wurde, eine etwas andere insofern, als die zu jeder Normalbestimmung gehörigen Daten für jedes Eudiometer hinter einander wiedergegeben sind.

Nach der Einfüllung des Wasserstoffes steht der Apparat 24 Std.; alsdann sind sämmtliche Eudiometer innen von einer gleichmässigen Wasserschicht überzogen.

In Betracht kommen folgende Calibrirdaten:

A. log V 43,00 = 44415 + log 16,03. D. log V 39,00 = 44158 + log 13,37.
B. log V 36,00 = 93269 + log 9,28. E. log V 43,00 = 47529 + log 17,29.

I. Wasserbarometer, dessen Fehler = 0,005 Cm.

A.

1) 45,21 45,37 17,20° 2) 45,18 45,35 17,20°
17,47 16,91 17,36 16,81
A. V. 17,477 Ccm. A. V. 17,498 Ccm.

3) 45,15 ^{45,30} 17,20°
17,30 16,75
A. V. 17,488 Ccm.

4) 45,09 ^{45,25} 17,20°
17,15 16,60
A. V. 17,487 Ccm.

B.

1) 42,01 ^{42,15} 17,20°
14,54 13,98
A. V. 4,4705 Ccm.

2) 41,98 ^{42,14} 17,20°
14,45 13,89
A. V. 4,4726 Ccm.

3) 41,95 ^{42,10} 17,20°
14,37 13,81
A. V. 4,471 Ccm.

4) 41,90 ^{42,05} 17,20°
14,21 13,65
A. V. 4,474 Ccm.

D.

1) 43,95 ^{44,07} 17,20°
14,60 14,04
A. V. 18,45 Ccm.

2) 43,91 ^{44,05} 17,20°
14,50 13,95
A. V. 18,448 Ccm.

3) 43,89 ^{44,03} 17,20°
14,42 13,88
A. V. 18,465 Ccm.

4) 43,83 ^{43,95} 17,20°
14,26 13,71
A. V. 18,468 Ccm.

E.

1) 45,85 ^{46,00} 17,20°
15,25 14,70
A. V. 22,855 Ccm.

2) 45,81 ^{45,95} 17,20°
15,15 14,60
A. V. 22,855 Ccm.

3) 45,78 ^{45,96} 17,20°
15,09 14,54
A. V. 22,855 Ccm.

4) 45,72 ^{45,86} 17,20°
14,92 14,37
A. V. 22,856 Ccm.

II. Es wird 24 Stunden gewartet und dann die zweite Normalbestimmung unter denselben Bedingungen, wie bisher, angestellt:

A.

1) 44,89 ^{45,01} 16,15°
16,70 16,15
A. V. 17,507 Ccm.

2) 44,90 ^{45,04} 16,20°
16.76 16,20
A. V. 17,482 Ccm.

3) 44,94 ^{45,05} 16,20°
16,82 16,28
A. V. 17,508 Ccm.

4) 44,96 ^{45,10} 16,20°
16,90 16,35
A. V. 17,49 Ccm.

B.

1) 41,70 ^{41,88} 16,15°
13,79 13,25
A. V. 4,4684 Ccm.

2) 41,74 ^{41,90} 16,20°
13,85 13,30
A. V. 4,4754 Ccm.

3) 41,75 ^{41,90} 16,20°
13,91 13,36
A. V. 4,4703 Ccm.

4) 41,79 ^{41,95} 16,20°
14,00 13,45
A. V. 4,474 Ccm.

D.

1) 43,63 ^{43,75} 16,15°
13,85 13,30
A. V. 18,466 Ccm.

2) 43,65 ^{43,79} 16,20°
13,91 13,36
A. V. 18,457 Ccm.

3) 43,67 ^{43,79} 16,20°
13,97 13,43
A. V. 18,453 Ccm.

4) 43,71 ^{43,85} 16,20°
14,05 13,50
A. V. 18,469 Ccm.

E.

1) 45,51 ^{45,65} 16,15°
14,50 13,95
A. V. 22,859 Ccm.

2) 45,55 ^{45,66} 16,20°
14,56 14,02
A. V. 22,874 Ccm.

3) 45,57 ^{45,69} 16,20°
14,63 14,08
A. V. 22,86 Ccm.

4) 45,60 ^{45,73} 16,20°
14,71 14,15
A. V. 22,852 Ccm.

III. In E wird Wasser, in D und B verdünnte Natronlauge und in A verdünnte Kalilauge gethan. Abgelesen wird gegen das Wasserbarometer:

A.

1)	45,37	44,88 ^{44,46}	16,25°
	16,87	16,33	
	A. V.	17,488 Ccm.	
2)	45,35	44,80 ^{44,45}	16,25°
	16,80	16,25	
	A. V.	17,499 Ccm.	
3)	45,34	44,76 ^{44,41}	16,30°
	16,73	16,18	
	A. V.	17,476 Ccm.	
4)	45,30	44,73 ^{44,39}	16,30°
	16,65	16,10	
	A. V.	17,491 Ccm.	

B.

1)	42,24	41,66 ^{41,35}	16,25°
	13,96	13,41	
	A. V.	4,4665 Ccm.	
2)	42,21	41,64 ^{41,32}	16,25°
	13,90	13,35	
	A. V.	4,4652 Ccm.	
3)	42,19	41,60 ^{41,30}	16,30°
	13,83	13,28	
	A. V.	4,461 Ccm.	
4)	42,16	41,59 ^{41,27}	16,30°
	13,75	13,21	
	A. V.	4,466 Ccm.	

D.

1)	44,30	43,50 ^{43,14}	16,25°
	14,05	13,50	
	A. V.	18,446 Ccm.	
2)	44,27	43,48 ^{43,10}	16,25°
	13,97	13,44	
	A. V.	18,456 Ccm.	
3)	44,25	43,45 ^{43,07}	16,30°
	13,90	13,35	
	A. V.	18,456 Ccm.	
4)	44,23	43,42	16,30°
	13,85	13,30	
	A. V.	18,450 Ccm.	

E.

1)	46,11	45,42 ^{45,02}	16,25°
	14,69	14,15	
	A. V.	22,852 Ccm.	
2)	46,10	45,40 ^{45,00}	16,25°
	14,62	14,07	
	A. V.	22,872 Ccm.	
3)	46,06	45,36 ^{44,96}	16,30°
	14,55	14,00	
	A. V.	22,847 Ccm.	
4)	46,05	45,35 ^{44,94}	16,30°
	14,50	13,95	
	A. V.	22,865 Ccm.	

IV. Wasserbarometer. Nach 24 Stunden:

A.

1)	45,30	44,68 ^{44,36}	16,05°
	16,66	16,11	
	A. V.	17,459 Ccm.	
2)	45,31	44,70 ^{44,38}	16,10°
	16,70	16,15	
	A. V.	17,457 Ccm.	
3)	45,35	44,72 ^{44,40}	16,20°
	16,79	16,23	
	A. V.	17,44 Ccm.	

B.

1)	42,15	41,53 ^{41,24}	16,05°
	13,77	13,22	
	A. V.	4,4456 Ccm.	
2)	42,17	41,55 ^{41,25}	16,10°
	13,81	13,26	
	A. V.	4,4476 Ccm.	
3)	42,20	41,57 ^{41,27}	16,20°
	13,90	13,35	
	A. V.	4,4426 Ccm.	
4)	42,22	41,59 ^{41,29}	16,20°
	13,94	13,38	
	A. V.	4,4444 Ccm.	

D.

1)	44,20	43,37 ^{43,02}	16,05°
	13,85	13,30	
	A. V.	18,383 Ccm.	
2)	44,23	43,39 ^{43,04}	16,10°
	13,90	13,35	
	A. V.	18,388 Ccm.	
3)	44,25	43,42	16,20°
	13,97	13,42	
	A. V.	18,381 Ccm.	
4)	44,28	43,44 ^{43,09}	16,20°
	14,00	13,46	
	A. V.	18,402 Ccm.	

E.

1)	46,05	45,33 44,94	16,05°	2)	46,06	45,35 44,95	16,10°
	14,50	13,95			14,54	13,99	
	A. V.	22,85 Ccm.			A. V.	22,847 Ccm.	
3)	46,10	45,38 44,98	16,20°	4)	46,11	45,40 45,00	16,20°
	14,62	14,07			14,65	14,10	
	A. V.	22,845 Ccm.			A. V.	22,854 Ccm.	

V. Nach 24 Stunden:

A.

1)	45,29	44,66 44,35	16,68°	2)	45,32	44,69 44,36	16,75°
	16,58	16,04			16,64	16,09	
	A. V.	17,438 Ccm.			A. V.	17,445 Ccm.	
3)	45,38	44,75 44,42	16,80°	4)	45,32	44,71 44,40	16,80°
	16,78	16,23			16,68	16,14	
	A. V.	17,452 Ccm.			A. V.	17,443 Ccm.	

B.

1)	42,15	41,52 41,23	16,68°	2)	42,17	41,55 41,25	16,75°
	13,70	13,15			13,75	13,20	
	A. V.	4,4433 Ccm.			A. V.	4,4466 Ccm.	
3)	42,21	41,61 41,30	16,80°	4)	42,18	41,58 41,28	16,80°
	13,89	13,35			13,80	13,25	
	A. V.	4,4482 Ccm.			A. V.	4,4486 Ccm.	

D.

1)	44,20	43,36 43,03	16,68°	2)	44,24	43,38 43,04	16,75°
	13,79	13,25			13,83	13,28	
	A. V.	18,376 Ccm.			A. V.	18,382 Ccm.	
3)	44,30	43,44 43,09	16,80°	4)	44,24	43,40 43,06	16,80°
	13,97	13,42			13,87	13,32	
	A. V.	18,403 Ccm.			A. V.	18,386 Ccm.	

E.

1)	46,04	45,33 44,95	16,68°	2)	46,05	45,36 44,96	16.75°
	14,43	13,88			14,47	13,93	
	A. V.	22,844 Ccm.			A. V.	22,853 Ccm.	
3)	46,11	45,42 45,01	16,80°	4)	46,07	45,38 44,97	16,80°
	14,61	14,06			14,52	13,96	
	A. V.	22,86 Ccm.			A. V.	22,85 Ccm.	

Die Mittelzahlen dieses Versuches ergeben:

	A.	B.	D.	E.
	Ccm.	Ccm.	Ccm.	Ccm.
I. zum 1. Mal feucht gemessen	17,488	4,472	18,458	22,855
II. zum 2. Mal feucht gemessen	17,497	4,472	18,461	22,861
	Kalilauge	Natronlauge	Natronlauge	Wasser
III. sofort nach Einführung der Flüssigkeiten	17,489	4,465	18,450	22,859
IV. nach 24 Stunden	17,452	4,445	18,388	22,849
V. nach 48 Stunden	17,443	4,447	18,387	22,852

Durch den Wechsel des Meniscus an sich wird niemals ein nennenswerther Fehler hervorgebracht. Berechnet man ihn, so ergiebt sich, dass er bei dem beobachteten Druck und Volumen (nicht bei 0° und 76 Cm. Druck) einen ungefähr 0,1 Mm. der Scala entsprechenden Fehler im Allgemeinen nicht übersteigt. Nur einmal (in Eudiom. B von 10 Mm. Durchm.) erreicht er bei dem beoachteten

Druck und Volumen den Werth von 0,2 Mm. der Scala. Dagegen tritt die Austrocknung binnen 24 Stunden in allen mit verdünnter Lauge beschickten Eudiometern sehr deutlich hervor. Berechnet man, um wie viel nach diesen analytischen Daten die Laugenspannung geringer ist, als die Wasserdampfspannung, so erhält man für die angewandte Natronlauge eine Differenz von 0,115 Cm. in D. von 0,12 in B. Die Zahl für B ist gewonnen aus der Vergleichung in Reihe III und V, um den durch den Wechsel des Meniscus bedingten Fehler nicht in diese Rechnung einzuführen. Die angewandte Kalilauge hat nach der Analyse in A eine 0,07 Cm. niedrigere Spannung, als Wasserdampf von gleicher Temperatur. Demnach haben sich binnen 24 Stunden in allen drei Eudiometern die betreffenden Laugenspannungen hergestellt (s. oben die Daten der Laugenspannungen im Eingang des Versuches).

9. Versuch.

Versuch zur Bestimmung des Fehlers, den die Einführung eines Wassermeniscus in einem engen Eudiometer (von 10 Mm. Durchmesser) hervorbringt. Ein enges Eudiometer wird nach sorgfältiger Reinigung (Abreiben der Wand mit in rauchende Salpetersäure getauchter Glaswolle, Ausspülen mit rauchender Salpetersäure, Wasser, Alkohol) mit einer 0,02 Cm. der Scala entsprechenden Wassermenge beschickt. Nach der Quecksilberfüllung wird Wasserstoff in das Eudiometer gelassen und dann zunächst zwei Normalbestimmungen an zwei Tagen gemacht. Dann liess ich ausgekochtes Wasser im Eudiometer aufsteigen und nun wurde eine neue Normalbestimmung angestellt.

Das Wasserbarometer hat einen Fehler = 0,005 Cm.

Es kommen in Betracht folgende Calibrirdaten:

log V 35.00 = 93269 + log 8,28,
log V 43,30 = 93426 + log 16,52.

I. Erste Normalbestimmung:

1)	43,39 ^{43,53}		17,05°	2)	43,42 ^{43,60}		17,10°
	13,77	13,24			13,87	13,34	
	A. V.	5,2555 Ccm.			A. V.	5,2497 Ccm.	
3)	43,46 ^{43,64}		17,10°	4)	43,50 ^{43,65}		17,05°
	13,97	13,43			14,05	13,51	
	A. V.	5,2515 Ccm.			A. V.	5,2597 Ccm.	

II. Zweite Normalbestimmung:

1)	43,42 ^{43,60}		17,20°	2)	43,38 ^{43,55}		17,20°
	13,85	13,34			13,73	13,20	
	A. V.	5,2515 Ccm.			A. V.	5,253 Ccm.	
3)	43,35 ^{43,55}		17,20°	4)	43,31 ^{43,50}		17,20°
	13,64	13,12			13,54	13,01	
	A. V.	5,2542 Ccm.			A. V.	5,2522 Ccm.	

III. Ausgekochtes Wasser wird in das Eudiometer gelassen:

1)	44,82	42,71 ^{42,39}	17,20°	2)	44,85	42,74 ^{42,40}	17,25°
	13,52	13,00			13,60	13,07	
	A. V.	5,256 Ccm.			A. V.	5,2565 Ccm.	
3)	44,87	42,75 ^{42,42}	17,25°	4)	44,89	42,76 ^{42,45}	17,25°
	13,65	13,11			13,70	13,17	
	A. V.	5,2548 Ccm.			A. V.	5,2530 Ccm.	

Die Mittelwerthe ergeben:

Das Gas über einem Quecksilbermeniscus gemessen: I. 5,254 Ccm.
II. 5,2527 „

Dasselbe Gas über einem Wassermeniscus gemessen: III. 5,2551 „

Demnach hat die Einführung des Wassermeniscus statt des Quecksilbermeniscus in einem Rohr von 10 Mm. Durchmesser keinen nachweisbaren Fehler zur Folge.

10. Versuch.

Versuch über das Trocknungsvermögen der verdünnten Kalilauge bei bedeutenderen Gasmengen, die unter höherem Druck stehen. Zwei Eudiometer, D (18 Mm. weit) und E (10 Mm. weit), werden gereinigt, wie im vorigen Versuch angegeben. In E wird eine 0,02 Cm. der Scala, in D eine 0,01 Cm. der Scala entsprechende Wassermenge hineingethan. Nach der Einfüllung des Quecksilbers wird in beide Eudiometer Wasserstoff eingelassen. Dann steht der Apparat 24 Stunden. Beide Eudiometer erscheinen innen von einer gleichmässigen Wasserschicht überzogen, E von einer etwas dünneren als D. Es werden verwandt ein Wasserbarometer (Fehler = 0,005 Cm.) und ein mit der verdünnten Kalilauge beschicktes Barometer (Fehler = 0,00 Cm.).

Es kommen in Betracht folgende Calibrirdaten:

D. log V 58,00 = 44245 + log 31,11.
E. log V 67,30 = 92895 + log 41,16,
log V 68,00 = 92895 + log 41,86.

I. Normalbestimmung über dem Quecksilbermeniscus. Wasserbarometer:

D.

1) 62.80 [63,00] 16,70°
16,41 15.91
A. V. 57,257 Ccm.

2) 62,75 [62,95] 16,70°
16,30 15,80
A. V. 57,25 Ccm.

3) 62,70 [62,90] 16,75°
16,19 15,70
A. V. 57,238 Ccm.

4) 62,69 [62,87] 16,75°
16,14 15,64
A. V. 57,27 Ccm.

E.

1) 68,34 [68,50] 16,70°
14,05 13.55
A. V. 24,113 Ccm.

2) 68,28 [68,44] 16,70°
13,94 13,45
A. V. 24,10 Ccm.

3) 68,24 [68,40] 16,75°
13,84 13,34
A. V. 24,10 Ccm.

4) 68,20 [68,37] 16,75°
13,78 13,29
A. V. 24,087 Ccm.

II. Verdünnte Kalilauge (spec. Gew. 1,06) wird eingeführt und in E sofort eine Normalbestimmung angestellt. Wasserbarometer:

E.

1) 68,65 68,07 [67,76] 16,80°
13,79 13.28
A. V. 24,106 Ccm.

2) 68,70 68,13 [67,81] 16,80°
13,92 13,41
A. V. 24,105 Ccm.

3) 68,74 68,16 [67,85] 16,80°
14,00 13,50
A. V. 24,105 Ccm.

4) 68,82 68,24 [67,92] 16,80°
14,16 13,66
A. V. 24,115 Ccm.

III. Nach 24 Stunden neue Bestimmung. Die Wand der Eudiometer dicht über den Kalimenisken erscheint trocken. Wasserbarometer:

D.

1)	63,26	62,76	62,43	16,82°	2)	63,22	62,73	62,40	16,85°
	16,62	16,11				16,53	16,03		
	A. V.	57,221 Ccm.				A. V.	57,229 Ccm.		
3)	63,20	62,70	62,36	16,85°	4)	63,15	62,65	62,30	16,85°
	16,45	15,96				16,35	15.85		
	A. V.	57,254 Ccm.				A. V.	57,236 Ccm.		

E.

1)	68,87	68,25	67,96	16,82°	2)	68,83	68,21	67.92	16,85°
	14,26	13,75				14,16	13,66		
	A. V.	24,103 Ccm.				A. V.	24,104 Ccm.		
3)	68,80	68,19	67,90	16,85°	4)	68,75	68,13	67,85	16,85°
	14,10	13,60				13,97	13,47		
	A. V.	24,106 Ccm.				A. V.	24,107 Ccm.		

IV. Nach 48stündigem Stehen unter Kalilauge. Das weite Eudiometer sieht fast ganz trocken aus, das enge zeigt in seinem obersten Theil noch Wasserbeschlag. Wasserbarometer:

D.

1)	63,40	62,90	62,55	16,90°	2)	62,45	63,95	62,60	16,92°
	16,96	16,45				17,08	16,56		
	A. V.	57,18 Ccm.				A. V.	57,17 Ccm.		
3)	63,49	62,98	62,64	16,95°	4)	63,50	63,00	62,66	16,95°
	17,15	16,65				17,20	16,69		
	A. V.	57,177 Ccm.				A. V.	57,16 Ccm.		

E.

1)	69,01	68,40	68,10	16,90°	2)	69,06	68,45	68,15	16,92°
	14,59	14,07				14,70	14,20		
	A. V.	24,092 Ccm.				A. V.	24,092 Ccm.		
3)	69,10	68,49	68,20	16,95°	4)	69,12	68,50	68,20	16,95°
	14,79	14,28				14,82	14,31		
	A. V.	24,09 Ccm.				A. V.	24,092 Ccm.		

V. Nach 3tägigem Stehen über Kalilauge:

D.

1)	63,38	62,88	62,55	16,75°	2)	63,30	62,84	62,50	16,75°
	16,95	16,45				16,85	16,36		
	A. V.	57,169 Ccm.				A. V.	57,18 Ccm.		
3)	63,30	62,80	62,48	16,75°	4)	63,27	62,76	62,44	16,75°
	16,79	16,30				16,70	16,20		
	A. V.	57,155 Ccm.				A. V.	57,166 Ccm.		

E.

1)	69,00	68,37	68,09	16,75°	2)	68,95	68,34	68,05	16,75°
	14,59	14,09				14,50	14,00		
	A. V.	24,087 Ccm.				A. V.	24,088 Ccm.		
3)	68,92	68,30	68,02	16,75°	4)	68,89	68,26	67,99	16,75°
	14,42	13,92				14,34	13,85		
	A. V.	24,087 Ccm.				A. V.	24,086 Ccm.		

VI. Nach 4tägigem Stehen über Kalilauge. Die Eudiometer sind trocken. Wasserbarometer:

D.

1)	63,49	62,99	62,65	16,80°	2)	63,54	63,04	62,80	16,80°
	17,19	16,68				17,30	16,80		
	A. V.	57,174 Ccm.				A. V.	57,18 Ccm.		
3)	63,58	63,08		16,80°	4)	63,61	63,11		16,80°
	17,40	16,90				17,49	16,98		
	A. V.	57,166 Ccm.				A. V.	57,14 Ccm.		

E.

1) 69.01	68 40 68,10	16,80°		2) 69,07	68,45 68,15	16,80°
14.64	14.12			14,75	14,25	
A. V.	24,079 Ccm.			A. V.	24,085 Ccm.	
3) 69.10	68.50 68,20	16,80°		4) 69,15	68,53 68,24	16,80°
14 84	14 34			14,94	14,42	
A. V.	24.087 Ccm.			A. V.	24,082 Ccm.	

VII. Nach 5tägigem Stehen über der verdünnten Lauge wird mit dem Barometer. das mit derselben verdünnten Lauge beschickt ist, die letzte Normalbestimmung gemacht. Kalibarometer:

D.

1) 63.80	63.30 62,97	17,30°	2) 63,80	63,30 62,96	17,30°
17,79	17.00		17,76	16,97	
A. V.	57.218 Ccm.		A. V.	57,254 Ccm.	
3) 63.70	63.20 62,87	17,35°	4) 63,64	63,13 62,80	17,35°
17,56	16.78		17,40	16,60	
A. V.	57,213 Ccm.		A. V.	57,226 Ccm.	

E.

1) 69.33	68,71 68,42	17,30°	2) 69,32	68.70 68,40	17,30°
15 24	14.45		15,20	14,43	
A. V.	24 097 Ccm.		A. V.	24,097 Ccm.	
3) 69.24	68.61 68,32	17,35°	4) 69,16	68,54 68,25	17,35°
15,01	14.24		14,85	14,05	
A. V.	24,099 Ccm.		A. V.	24,094 Ccm.	

Die Mittelzahlen dieses Versuches ergeben folgende Werthe:

a) Bestimmungen mit Benutzung des Wasserbarometers.

		D. (18 Mm.)	E. (10 Mm.)
I.	Ueber dem Quecksilbermeniscus feucht gemessen	57,254 Ccm.	24,100 Ccm.
II.	Sofort nach Einführung der Kalilauge		24,108 „
III.	Nach 1tägigem Stehen über Kalilauge	57,235 „	24,105 „
IV.	Nach 2täg. Stehen über Kalilauge	57,172 „	24,09 „
V.	Nach 3täg. Stehen über Kalilauge	57,168 „	24,086 „
VI.	Nach 4täg. Stehen über Kalilauge	57,165 „	24,083 „

b) Bestimmung mit Benutzung des Kalibarometers.

VII.	Nach 5täg. Stehen über Kalilauge	57,228 Ccm.	24,097 Ccm.

Aus diesem Versuch ergiebt sich, dass nach Verlauf von 3 Tagen die verdünnte Kalilauge im weiten Eudiometer soweit austrocknend gewirkt hat, dass ihre Spannung im Gas herrscht. Berechnet man nämlich nach Reihe I und VI die Tension der Kalilauge in Eudiometer D, so erhält man den im vorigen Versuch ermittelten Werth, dass die Spannung der Kalilauge um 0,7 Mm. geringer ist als die Wasserspannung. Ob in Eudiometer E die Trocknung überhaupt zu Ende geführt war nach 4 Tagen, ist zweifelhaft, da die Werthe noch nicht constant geworden waren.

Auf Grund der mitgetheilten Experimente ist es leicht, die im Eingang des Capitels aufgeworfenen Fragen zu lösen. Die erste derselben war:

„Wie genau lässt sich bei Beibehaltung desselben Barometers, derselben Dampftension im Eudiometer und desselben begrenzenden Meniscus ein Gasquantum bestimmen?"

Aus den gegebenen Daten kann man folgende Tabelle von Normal-Doppelbestimmungen, die unter den erwähnten Verhältnissen angestellt wurden, ableiten:

Messung über einem Quecksilbermeniscus.

Eudiometer von 18 Mm. Weite.

94,41	94,41	
112,13	112,15	112,152
17,488	17,497	
18,458	18,461	
22,855	22,861	

Eudiometer von 10 Mm. Weite.

17,161	17,155
4,472	4,472
5,254	5,253

Messung über Schwefelsäure.

Eudiometer von 18 Mm. Weite.

68,645	68,647
79,39	79,398
43,331	43,32
114,69	114,70

Messung über Kalilauge.

Eudiometer von 18 Mm. Weite.

52,238	52,241
94,451	94,453
90,428	90,41
112,14	112,121
17,452	17,443
18,388	18,387
22,849	22,852
57,168	57,165

Eudiometer von 10 Mm. Weite.

30,813	30,805
4,445	4,447

Die Werthe dieser Tabelle stehen in Einklang mit den Erfahrungen, die ich auch sonst bei Normalbestimmungen gemacht habe. Wie man sieht, kommen in weiten Röhren Differenzen von 0,03 Ccm. (entsprechend 0,01 Cm. der Scala) äusserst selten vor. In engen

Röhren ist bei geringen Gasmengen die Uebereinstimmung eine sehr grosse (0,002 Ccm. Differenz), grössere Gasmengen dagegen (30 Ccm. z. B.) bestimmt man fast ebenso scharf in weiten wie in engen Röhren.

Die zweite im Eingang des Capitels aufgeworfene Frage war:

„Hat ein Wechsel des das Gas absperrenden Meniscus mit den eventuell sich anknüpfenden Consequenzen einen nachweisbaren Fehler zur Folge?"

Der einfachste hier in Betracht kommende Fall ist: Ein mit Wasserdampf gesättigtes Gas wird zuerst über einem Quecksilber- und dann über einem Wassermeniscus bestimmt, oder aber ein ganz trockenes über einem Quecksilber- und dann über einem Schwefelsäuremeniscus.

Dann ist hier noch folgender Fall zu betrachten: Ein mit Wasserdampf gesättigtes Gas wird über einem Quecksilbermeniscus und dann über dem Meniscus einer verdünnten Lauge, bald nach der Einführung derselben bestimmt.

Die Werthe, die an dieser Stelle anzuführen sind, sind folgende:

I.

Dasselbe Gasquantum feucht gemessen über a) einem Quecksilbermeniscus, b) einem Wassermeniscus:

1) Rohr von 18 Mm. Weite (8. Versuch).

	a	b
	22,855	22,859
	22,861	22,849
		22,852
Mittel d. Normalbestimmungen	22,858	22,853

Demnach ist in einem 18 Mm. weiten Rohr der durch die Einführung des Wassermeniscus hervorgebrachte Fehler = 0 zu setzen.

2) Rohr von 10 Mm. Weite (9. Versuch).

	a	b
	5,254	5,2551
	5,2527	
Mittel d. Normalbest.	5,2533	5,2551

Auch dieser Fehler überschreitet die Fehlergrenze der Normalbestimmung nicht.

II.

Dasselbe Gasquantum trocken gemessen über a) einem Quecksilbermeniscus, b) einem Schwefelsäuremeniscus.

1) Rohr von 18 Mm. Weite (2. Versuch).

	a	b
	43,308	43,331
		43,32
Mittel d. Normalbest.	43,308	43,325

2) Rohr von 10 Mm. Durchmesser (2. Versuch).

a	b
12,578	12,581

III.

Dasselbe Gasquantum feucht gemessen über a) einem Quecksilbermeniscus, b) dem Meniscus einer verdünnten Lauge bald nach der Einführung, ehe die austrocknende Wirkung derselben zur Geltung kommt:

1) Eudiometer von 18 Mm. Weite (8. Versuch).

	a	b
α.	17,488	17,489
	17,497	
Mittel d. Normalbest.	17,493	17,489
β.	18,458	18,450
	18,461	
Mittel d. Normalbest.	18,459	18,450

2) Eudiometer von 10 Mm. Weite (8. Versuch).

	a	b
α.	4,472	4,465
	4,472	
Mittel d. Normalbest.	4,472	4,465
β.	24,100	24,108

Die bisher betrachteten Experimente beweisen, dass in der That die Meniscusbestimmungen jetzt diejenige Genauigkeit erreicht haben, die ihnen oben zugeschrieben wurde, d. h. der Fehler der Meniscusbestimmung überschreitet einen ungefähr 0,1 Mm. der Scala entsprechenden Werth nicht. Es berechtigt dieses Ergebniss zu dem ferneren Schluss, dass, falls bei der Calibrirung keine Fehler begangen sind, in der That jetzt das Volumen, welches das Gas bei der Analyse einnimmt, mit grosser, jedenfalls auch für sehr feine Bestimmungen ausreichender Schärfe gemessen wird. Gegen die Temperaturmessung wird sich bei der Uebereinstimmung der Normalgasanalysen auch kein wesentlicher Einwand erheben lassen.

Es bleibt somit nur noch eine Frage zu erörtern:

> „Inwieweit sind wir nach den angegebenen Analysen im Stande, den Druck, welchen das analysirte Gas ausübt, richtig zu bestimmen?“

Hätten wir stets nur mit trockenen Gasen zu rechnen, so würde weiter kein Zweifel in dieser Hinsicht obwalten können. Die Höhendifferenz zwischen Eudiometer- und Barometermeniscus mit einigen scharf bestimmbaren Correcturen würde direct den gewünschten Werth liefern; aber meist wurde, bisher wenigstens, mit Gasen gearbeitet, die unter Lauge- oder Wasserdampftension standen, und die Hauptfrage ist nun, ob im gasgefüllten Eudiometer wirklich die theoretisch angenommene Tension herrscht.

Nun zeigen die Analysen, dass jener Fehler, welcher auf der Ungültigkeit des Dalton'schen Gesetzes beruht, in der That, wie es nach Regnault zu erwarten war, für feinere Bestimmungen in Betracht gezogen werden muss. Es ist dies ein Fehler, der um so unangenehmer ist, weil er seiner Natur nach inconstant und unberechenbar ist. Der einfachste Weg, ihn zu vermeiden, ist offenbar, nicht unter Wasserdampfspannung, sondern trocken die Gase zu analysiren. Da indess dieses Verfahren kaum überall angewendet werden kann, habe ich mich bemüht, die Bedingungen festzustellen, unter denen er möglichst klein ausfällt. Es hat sich gezeigt, dass es diejenigen Bedingungen sind, die sich von vornherein theoretisch construiren liessen:

Je reiner die Glaswand, je vollkommener die Benetzung, je geringer der Druck resp. die Länge der Gassäule, je weiter das Eudiometer, desto geringer fällt der Fehler aus.

Welcher Einfluss zunächst der Reinheit der Glaswand zukommt, lässt sich am besten an den in engen Eudiometern angestellten Versuchen zeigen: In Versuch 3 war Eudiometer A mit rauchender Salpetersäure und Wasser ausgespült und hatte dann einige Tage unbenutzt gehangen. In Versuch 4 war Eudiometer C sorgfältig mit rauchender Salpetersäure, Wasser, Alkohol und Aether ausgespült. In Versuch 5 war Eudiometer C mit rauchender Salpetersäure gefüllt und hatte so eine halbe Stunde vor der Reinigung mit Wasser, Alkohol und Aether gestanden. In Versuch 6 wurde die Glaswand mit einem in rauchende Salpetersäure getauchten Bausch Glaswolle abgerieben, bei der Reinigung nachher jedoch die Ausspülung mit Aether nicht gemacht. Es zeigt sich nun, dass, je vollkommener die Reinigung war, desto besser die Zahlen des feucht und trocken gemessenen Gases stimmten, so dass zum Schluss in Versuch 6 der Fehler in der That fast in die Fehlergrenzen der Normalbestimmung fällt, trotzdem das Gas unter hohem Druck (etwa 60 Cm.) stand. Dass die Ausspülung mit Aether eventuell einen Fehler zur Folge hat, ist begreiflich, denn Aether enthält fast stets geringe Beimengungen, die ihm nur sehr schwer zu entziehen sind. Ist man daher des Aethers nicht ganz sicher, so spült man zum Schluss nur mit Alcohol absolutus aus.

Welchen Einfluss ein mehr oder minder vollkommener Beschlag der Glaswand mit Wasser hat, geht am deutlichsten aus Versuch 1 hervor. In Eudiometer A war die Benetzung keine vollkommene, da nur ein Tröpfchen Wasser in die Kuppe gethan war; dagegen schien in Eudiometer E keine Lücke im Wasserüberzug der Glaswand zu bestehen, da an verschiedene Stellen der Glaswand kleine Mengen Wasser gebracht waren. Die Folge war, dass nach der Trocknung mit Schwefelsäure in Eudiometer A das Gasquantum scheinbar gewachsen war, während es in E nahezu constant blieb. Daher habe ich in den späteren Versuchen vorgezogen, eine abgemessene Quantität Wasser in das Eudiometer zu bringen und an verschiedene Stellen zu vertheilen. Bei solchen Vorsichtsmassregeln gelingt es dann, manchmal sogar sehr grosse Gasmengen, die unter sehr bedeutendem Druck stehen, gänzlich oder nahezu vollständig mit Wasserdampf zu sättigen, wie dies Versuch 6 beweist. Eudiometer D und E (Versuch 6) enthielten 112 resp. 115 Ccm. Wasserstoff, der Druck des Gases war etwa 60 Cm., und doch ergab die Trocknung nur eine innerhalb der Fehlerquellen der Bestimmung liegende (scheinbare) Aenderung des Volumens.

Dass der Druck, unter dem das Gas steht, von Einfluss auf die Wasserdampftension ist, ist nach den citirten Versuchen Regnault's selbstverständlich. Beweisend in dieser Hinsicht ist der 8. Versuch, auf den ich unten zurückkomme, und ebenso der siebente. Dieser zeigt, dass das unter 18 Cm. Druck stehende Gas in der That mit Wasserdampf absolut gesättigt war, denn nach der Trocknung mit concentrirter Kalilauge ändert es sein absolutes Volumen überhaupt nicht. (Dieser Versuch beweist zugleich, dass auch die Meniscusbestimmung der concentrirten Kalilauge fehlerfrei ist.)

Der Einfluss endlich, der der Weite der Eudiometer zukommt, erhellt am deutlichsten aus einer Vergleichung der Resultate von Versuch 3—6: Bei sonst gleichen Verhältnissen gelingt es, in weiten Eudiometern die Wasserdampftension herzustellen, während in engen noch ein deutlich nachweisbarer Fehler existirt. Die Folgen einer mangelhaften Reinigung machen sich in weiten Eudiometern sehr viel weniger bemerkbar. Einen so bedeutenden Fehler, wie in Versuch 3, habe ich in weiten Eudiometern nie erhalten; er entspricht einem Messungsfehler von 0,03 Cm. des Eudiometers (in absolutem Volumen berechnet). Vor Allem tragen wohl die ungünstigen Diffusionsverhältnisse in engen Eudiometern die Schuld an diesem Heruntergehen der Wasserdampftension. Denkt man sich nämlich die Gassäule, die in einem Eudiometer steht, in eine Anzahl einzelner, über einander angeordneter Schichten zerlegt, so werden sich in diesen je nach der Wandbenetzung die Verhältnisse sehr verschieden gestalten. Ist die Glaswand nahezu oder vollständig mit Wasser überzogen, so wird innerhalb einer solchen Schicht die Absorption des Wasserdampfes durch die Abgabe von der Wand aus aufgewogen. Ist hingegen der

Wasserbeschlag ein unvollkommener, so erhält die Wasserabsorption das Uebergewicht. Wie sich nun die Summe dieser einzelnen Wirkungen stellt, hängt offenbar von der Stärke der Diffusion ab, die zwischen den einzelnen Schichten stattfindet, und diese Diffusion ist viel erschwerter in engen Röhren.

Fassen wir die Ergebnisse der Untersuchung zusammen, so ergiebt sich, dass man am sichersten sein kann, die Gase absolut mit Wasserdampf gesättigt zu erhalten, wenn man in sorgfältig gereinigten, relativ weiten Eudiometern, unter geringem Druck und bei recht vollkommener Benetzung der Glaswand analysirt.

Diese Bedingungen schliessen offenbar eine Beschränkung ein: Man darf nicht zu bedeutende Gasmengen zur Analyse verwenden. Die Normalgasbestimmung giebt uns nun die Mittel, auch in weiten Eudiometern recht scharf ein Gasquantum zu bestimmen. Wenn es sich demnach um recht exacte, namentlich aber um absolute Bestimmungen handelt, so erreicht man die höchste Sicherheit der Analyse nicht durch die Menge des angewandten Gases, sondern durch die Feinheit der Messung und die sorgfältige Vorbereitung des Versuches.

Zum Schluss habe ich noch einige Bemerkungen über die Bedeutung der beiden letzten Versuche hinzuzufügen. Bisher nahm man an, dass ein mit Wasserdampf gesättigtes Gas keine wesentliche Spannungsänderung erleidet, wenn in das Eudiometer eine verdünnte Kali- oder Natronlauge eingeführt wird. Es zeigen nun diese Versuche, dass die austrocknenden Fähigkeiten einer solchen Lauge sehr bedeutende sind, wenn der Druck, unter dem das Gas sich befindet, ein niedriger ist: bei 25—30 Cm. Druck nahmen die mit Wasserdampf gesättigten Gase binnen 24 Stunden die Laugentension an (Versuch 9). Sehr viel langsamer dagegen geht die Austrocknung vor sich, sobald der Druck und die Länge der Gassäule bedeutender werden. Bei einem Druck von 45 Cm. (Versuch 10) dauerte es drei Tage, bis die Laugenspannung sich hergestellt hatte.

Es beweist ausserdem der Versuch 8, dass unter den bei Anstellung desselben beobachteten Vorsichtsmassregeln in der That volle Wasserdampfspannung im analysirten Gase herrscht. Der Beweis ist ein hinreichend sicherer, da von den vier hier in Betracht kommenden Bestimmungen alle das angegebene Verhalten zeigen. Die Mittel aber, durch welche dieses Resultat erzielt ist, sind die oben präcisirten Vorsichtsmassregeln.

Zum Schluss dieses Abschnittes habe ich noch eine Bemerkung hinzuzufügen: Bei den mitgetheilten Experimenten ist fast stets Wasserstoffgas verwandt. Wäre ein schwerer diffundirendes Gas gewählt, so würden die Resultate noch ungünstiger ausgefallen sein, d. h. die Wasserdampfspannung wäre noch tiefer gesunken. Ich komme auf diesen Punkt weiter unten zurück.

Es möchte nun scheinen, dass den äussersten Feinheiten der gasanalytischen Bestimmungen ein zu grosser Werth im Verhältniss zu ihrem praktischen Nutzen von mir beigelegt ist. Indess ich werde sofort an Beispielen zeigen, dass einige wichtige methodische Fragen sich überhaupt nicht ohne Berücksichtigung der auseinander gesetzten Fehlerquellen lösen lassen, vor Allem meine ich die Frage nach der Reinheit des im Bunsen'schen Knallgasapparat dargestellten Knallgases. Ich werde ferner zeigen, was von hohem Werth für physiologische Bestimmungen ist, dass es mit Hülfe der Normalgasanalyse möglich ist, die Zusammensetzung auch geringer Gasquantitäten (1 bis 2 Ccm. Gas) mit hinreichender Genauigkeit zu bestimmen. Auf die Untersuchung der ersten Frage kam ich durch Zufall: Ich erhielt aus einem Knallgasapparat ein derartig unreines Knallgas, dass bei der Verpuffung, trotzdem alle nöthigen Cautelen beachtet waren, etwa 5 pCt. des Gases als Rückstand blieben. Die Versuche waren in derselben Weise angestellt, wie die folgenden, d. h. es wurde zunächst eine Analyse der Luft in bekannter Weise durch Verpuffen des Sauerstoffes mit Wasserstoff angestellt, dann wurde nach der Explosion soviel Knallgas zugesetzt, dass das Volumen, welches ursprünglich nach Zulassung des Wasserstoffes bestanden hatte, wieder erreicht wurde; dann wurde wieder verpufft, und es zeigte sich, dass stets nach der zweiten Explosion die Gasmenge bedeutend grösser war als nach der ersten.

Weitere Untersuchungen zeigten, dass diese Unreinheiten dadurch entstanden waren, dass der Schliff des Knallgasapparates mit Wachs-Vaseline eingeschmiert war. Offenbar waren Theile dieser Mischung in der Schwefelsäure gelöst und unter dem Einfluss des elektrischen Stromes hatten sich Kohlenwasserstoffe entwickelt. Die Experimente, die jetzt angeführt werden, sind mit mehreren sorgfältig gereinigten Knallgasapparaten angestellt. Der Schliff derselben wurde nicht gefettet. Als Probe, welche Genauigkeit sich überhaupt nach den geschilderten Methoden erreichen lässt, sind im Folgenden auch die Luftuntersuchungen, die ich angestellt habe, ausführlich angegeben.

Die Reinigung der Eudiometer war stets sorgfältig. Doch besteht ein Unterschied in dieser Hinsicht zwischen den mitgetheilten Reihen: Die ersten beiden Reihen wurden zu einer Zeit angestellt, wo ich den Einfluss, den eventuell eine mangelhafte Reinigung haben kann, noch nicht kannte; in den späteren dagegen ist hinsichtlich der Reinigung nach den mitgetheilten Vorschriften verfahren.

Die ersten, minder interessanten Luft- und Knallgasanalysen gebe ich nur im Auszug, die späteren, theoretisch wichtigeren, ausführlich.

Die zunächst folgenden Analysen wurden in gewöhnlicher Weise ausgeführt, d. h. die Wände der Eudiometer waren sorgfältig mit Wasser benetzt und es wurde gegen ein Wasserbarometer abgelesen.

1. Reihe.

Drei Eudiometer (A, D, E) von 18 Mm. Durchmesser. Die Zahlen sind Cubikcentimeter.

		A.	D.	E.
Sauerstoff + Stickstoff:				
	1)	48,498	53,097	52,985
	2)	48,479	53,111	52,999
	3)	48,497	53,131	53,027
	4)	48,499	53,141	52,987
Nach Wasserstoffzusatz:				
	1)	78,548	88,152	83,564
	2)	78,515	88,120	83,632
	3)	78,492	88,100	83,570
Verpufft:				
	1)	48,097	54,776	50,326
	2)	48,128	54,808	50,327
	3)	48,139	54,821	50,315
	4)	48,131	54,742	50,346
Knallgas zugesetzt, verpufft und abgelesen:				
	1)	48,297	54,875	50,420
	2)	48,295	54,890	50,416
	3)	48,313	54,936	50,404

Die Mittelzahlen ergeben:

	A.	D.	E.
Sauerstoff + Stickstoff	48,493	53,120	52,999
Nach Wasserstoffzusatz	78,528	88,123	83,587
Verpufft	48,124	54,787	50,329
Nach Knallgaszusatz und Verpuffung .	48,302	54,900	50,413
Hinzugekommen nach der Knallgas-explosion	0,178	0,113	0,084
Sauerstoff enthält das Gemisch in pCt.	20,910	20,928	20,929

Der Knallgasapparat entwickelte etwa 10 Minuten, ehe das Knallgas eingelassen wurde.

2. Reihe.

Drei Eudiometer (C, D, E) von 18 Mm. Durchmesser werden verwandt. Die Zahlen sind Cubikcentimeter.

Sauerstoff + Stickstoff:

	C.	D.	E.
1)	51,231	52,378	46,874
2)	51,240	52,377	46.858
3)	51,241	52,385	46,862
4)	51,205	52,365	46,879
Nach Wasserstoffzusatz:			
1)	81.250	79,690	77.230
2)	81,290	79.678	77.208
3)	81,340	79,684	77,280
4)	81,280	79,647	77,267
Verpufft:			
1)	49,265	46,918	47,894
2)	49,253	46.888	—
3)	49,295	46,926	47,941
4)	49,251	46,908	48.030
Zusatz von Knallgas und verpufft:			
1)	49,366	47,015	48,000
2)	49.365	47,060	47,984
3)	49,380	47,020	48.008
4)	49,344	47,029	47,954

Die wichtigsten Mittelzahlen des Versuches ergeben:

	C.	D.	E.
Nach der ersten Explosion . .	49,267	46,910	47,955
Nach der zweiten Explosion .	49,366	47,029	47,986
Hinzugekommen	0,099	0,119	0,031
Sauerstoff in pCt.	20,848	20,863	20,837

3. Reihe.

Zwei 18 Mm. weite Eudiometer (B und E) und ein 10 Mm. weites Eudiometer (C) werden sorgfältig gereinigt (rauchende Salpetersäure, Wasser, Alkohol). In B und C werden Wassermengen gethan. entsprechend 0,01 Cm. der Scala. In C wird sehr wenig Luft eingelassen und nachher etwas ausgekochtes Wasser. Die Wände von C waren ebenfalls mit Wasser befeuchtet.

Fehler des Wasserbarometers = 0,005 Cm.

Sauerstoff + Stickstoff:

B. Calibrirdaten: log V 50,00 = 47590 + log 24,25.

1)	53,96 ^{54,15}		17,20°	2)	53,97 ^{54,15}		17,20°
	16,92	16,41			16,94	16,42	
	A. V. 38,76 Ccm.				A. V. 38,763 Ccm.		
3)	54,05 ^{54,23}		17,20°	4)	54,12 ^{54,30}		17,20°
	17,125	16,62			17,27	16,78	
	A. V. 38,763 Ccm.				A. V. 38,78 Ccm.		

C. Calibrirdaten: log V 30,00 = 93269 + log 3,28.

1)	34,65	34.56 ^{34,25}	17,20°	2)	34,65	34.56 ^{34,24}	17.20°
	18,65	18,14			18,65	18.15	
	A. V. 1,3134 Ccm.				A. V. 1,3134 Ccm.		

3)	34,72	34,63 ^{34,30}	17,20°	4)	34,78	34,68 ^{34,35}	17,20°
	18,85	18,35			19,00	18,49	
	A. V.	1,323 Ccm.			A. V.	1,3238 Ccm.	

E. Calibrirdaten: log V 51,00 = 44505 + log 25,19.

1)	52,50 ^{52,65}		17,20°	2)	52,50 ^{52,68}		17,20°
	17,26	16,76			17,29	16,76	
	A. V.	32,493 Ccm.			A. V.	32,477 Ccm.	
3)	52,60 ^{52,76}		17,20°	4)	52,65 ^{52,85}		17,20°
	17,49	16,96			17,63	17,12	
	A. V.	32,494 Ccm.			A. V.	32,483 Ccm.	

Nach Wasserstoffzusatz:

B. Calibrirdaten: log V 57,00 = 47773 + log 31,12.

1)	60,70 ^{60,91}		16,70°	2)	60,72 ^{60,93}		16,75°
	16,20	15,70			16,25	15,75	
	A. V.	57,772 Ccm.			A. V.	57,783 Ccm.	
3)	60,80 ^{60,98}		16,75°	4)	60,88 ^{61,05}		16,80°
	16,40	15,90			16,57	16,08	
	A. V.	57,80 Ccm.			A. V.	57,803 Ccm.	

C. Calibrirdaten: log V 36,00 = 93269 + log 9,28.

1)	38,305	38,20 ^{37,88}	16,70°	2)	38,32	38,22 ^{37,70}	16,75°
	17,91	17,40			17,95	17,45	
	A. V.	2,4732 Ccm.			A. V.	2,4752 Ccm.	
3)	38,38	38,28 ^{37,95}	16,75°	4)	38,45	38,35 ^{38,02}	16,80°
	18,10	17,60			18,29	17,79	
	A. V.	2,4772 Ccm.			A. V.	2,477 Ccm.	

E. Calibrirdaten: log V 57,00 = 44785 + log 30,99.

1)	60,37 ^{60,55}		16,70°	2)	60,40 ^{60,59}		16,75°
	16,55	16,04			16,60	16,10	
	A. V.	52,41 Ccm.			A. V.	52,42 Ccm.	
3)	60,46 ^{60,65}		16,75°	4)	60,55 ^{60,71}		16,80°
	16,75	16,25			16,92	16,43	
	A. V.	52,406 Ccm.			A. V.	52,435 Ccm.	

Verpufft und sofort abgelesen:

B. Calibrirdaten: log V 50,00 = 47590 + log 24,25.

1)	52,40 ^{52,61}		16,65°	2)	52,37 ^{52,60}		16,65°
	18,60	18,10			18,52	18,01	
	A. V.	33,49 Ccm.			A. V.	33,502 Ccm.	
3)	52,36 ^{52,57}		16,65°	4)	52,35 ^{52,55}		16,65°
	18,50	18,00			18,45	17,95	
	A. V.	33,50 Ccm.			A. V.	33,526 Ccm.	

E. Calibrirdaten: log V 51.00 = 44505 + log 25,19.

1)	52,44 ^{52,65}		16,65°	2)	52,40 ^{52,60}		16,65°
	17,65	17,15			17,58	17,07	
	A. V.	32,082 Ccm.			A. V.	32,062 Ccm.	
3)	52,39 ^{52,60}		16,65°	4)	52,36 ^{52,59}		16,65°
	17,55	17,05			17,51	17,00	
	A. V.	32,069 Ccm.			A. V.	32,042 Ccm.	

Das Gas in C verpufft bei dem niedrigen Druck nicht ohne Weiteres; daher wurde das Eudiometer aus dem Apparat genommen, in eine Quecksilberwanne gesetzt und so schief geneigt, dass das Gas explodirte.

Zweite Ablesung nach der Verpuffung nach 24 Stunden:

B.

1)	52,20 ^{52,45}		15,80°	2)	52,23 ^{52,45}		15,80°
	18,25	17,75			18,30	17,80	
	A. V.	33,49 Ccm.			A. V.	33,509 Ccm.	

3)	52,30 ^{52,52}		15,80°	4)	52,45 ^{52,66}		15,80°
	18,45	17,95			18,77	18,26	
	A. V.	33,517 Ccm.			A. V.	33,537 Ccm.	

C.

1)	35,29	35,20 ^{34,86}	15,80°	2)	35,30	35,20 ^{34,88}	15,80°
	16,76	16,25			16,81	16,30	
	A. V.	1,6647 Ccm.			A. V.	1,661 Ccm.	
3)	35,35	35,25 ^{34,92}	15,80°	4)	35,45	35 35 ^{35,03}	15,80°
	16,96	16,44			17,28	16,76	
	A. V.	1,6619 Ccm.			A. V.	1,6603 Ccm.	

E.

1)	52,24 ^{52,46}		15,80°	2)	52,25 ^{52,50}		15,80°
	17,31	16,80			17,37	16,85	
	A. V.	32,07 Ccm.			A. V.	32,035 Ccm.	
3)	52,32 ^{52,55}		15,80°	4)	52,46 ^{52,70}		15,80°
	17,51	16,99			17,83	17,31	
	A. V.	32,055 Ccm.			A. V.	32,057 Ccm.	

In B und E wird Knallgas gelassen:

B.			E.		
62,25		15,00°	62,67		12,00°
19,13	18,62		18,20	17,68	
A. V.	58,83 Ccm.		A. V.	57,09 Ccm.	

Es wird verpufft und sofort abgelesen:

B.

1)	52,62 ^{52,85}		15,00°	2)	52,55 ^{52,75}		15,00°
	19,23	18,71			19,03	18,52	
	A. V.	33,557 Ccm.			A. V.	33,60 Ccm.	
3)	52,50 ^{52,71}		15,00°	4)	52,39 ^{52,60}		15,00°
	18,96	18,45			18,69	18,18	
	A. V.	33,557 Ccm.			A. V.	33,58 Ccm.	

E.

1)	52,83 ^{53,04}		15,00°	2)	52,75 ^{52,93}		15,00°
	18,70	18,19			18,51	17,99	
	A. V.	32,125 Ccm.			A. V.	32,134 Ccm.	
3)	52,71 ^{52,90}		15,00°	4)	52,60 ^{52,80}		15,00°
	18,45	17,94			18,16	17,65	
	A. V.	32,104 Ccm.			A. V.	32,142 Ccm.	

Nach 24 Stunden zum zweiten Mal abgelesen (sämmtliche Meniscushöhen über 1,8 Mm.):

B.

1)	51,96		14,90°	2)	51,91		14,90°
	17,80	17,28			17,61	17,16	
	A. V.	33,502 Ccm.			A. V.	33,516 Ccm.	
3)	51,90		14,90°	4)	51,94		14,95°
	17,64	17,12			17,71	17,20	
	A. V.	33,523 Ccm.			A. V.	33,539 Ccm.	

E.

1)	52,19		14,90°	2)	52,13		14,90°
	17,28	16,75			17,16	16,75	
	A. V.	32,095 Ccm.			A. V.	32,077 Ccm.	
3)	52,11		14,90°	4)	52,15		14,95°
	17,11	16,60			17,20	16,70	
	A. V.	32,08 Ccm.			A. V.	32,077 Ccm.	

Die Mittelzahlen dieses Versuches ergeben:

	B.	C. †	E.
Sauerstoff + Stickstoff	38,767	1,3184	32,487
Nach Wasserstoffzusatz	57,783	2,4756	52,418
Verpufft	33,504	1,6620	32,054
Zweite Ablesung	33,513	—	32,064
Nach der Knallgasverpuffung	33,573	—	32,126
24 Stunden danach	33,520	—	32,082
Sauerstoff enthält das Gemisch in pCt.	20,885	20,570	20,904

4. Reihe.

Zwei Eudiometer (A und B) zu 10 Mm. Durchmesser und drei Eudiometer (C, D und E) zu 18 Mm. Durchmesser werden sorgfältig gereinigt mit rauchender Salpetersäure, Wasser und Alkohol. In jedes wird Wasser gethan, entsprechend 0,01 Cm. der Scala.

Fehler des Wasserbarometers 0,005 Cm.

Sauerstoff + Stickstoff:

A. Calibrirdaten: log V 35.00 = 92541 + log 8,00.

1) 35,10 35,30 14,10°
18,23 17,71
A. V. 1,4584 Ccm.

2) 35,11 35,30 14,10°
18,26 17,74
A. V. 1,4585 Ccm.

3) 35,12 35,30 14,15°
18,30 17,77
A. V. 1,4556 Ccm.

4) 35,14 35,30 14,15°
18,33 17,81
A. V. 1,4583 Ccm.

B. Calibrirdaten: log V 35.00 = 93269 + log 8,28.

1) 35,10 35,25 14,10°
16,67 16,15
A. V. 1,6738 Ccm.

2) 35,11 35,25 14,10°
16,70 16,18
A. V. 1,674 Ccm.

3) 35,12 35,28 14,15°
16,73 16,21
A. V. 1,6738 Ccm.

4) 35,14 35,30 14,15°
16,77 16,25
A. V. 1.676 Ccm.

C. Calibrirdaten: log V 50,00 = 44189 + log 23,15.

1) 52,90 53,08 14,10°
18,91 18,39
A. V. 30,726 Ccm.

2) 52,91 53,08 14,10°
18,94 18,41
A. V. 30,72 Ccm.

3) 52,92 53,10 14,15°
18,96 18,45
A. V. 30,717 Ccm.

4) 52,95 53,10 14,15°
19,00 18,49
A. V. 30,732 Ccm.

D. Calibrirdaten: log V 50,00 = 47590 + log 24,25.

1) 53,61 53,80 14,10°
17,51 17,00
A. V. 37,733 Ccm.

2) 53,62 53,82 14,10°
17,55 17,02
A. V. 37,715 Ccm.

3) 53,65 53,84 14,15°
17,57 17,05
A. V. 37,76 Ccm.

4) 53,65 53,85 14,15°
17,60 17,09
A. V. 37,728 Ccm.

E. Calibrirdaten: log V 51,00 = 44505 + log 51,00.

1) 52,26 52,41 14,10°
18,11 17,60
A. V. 31,56 Ccm.

2) 52,27 52,42 14,10°
18,15 17,62
A. V. 31,547 Ccm.

3) 52,29 ^{52,44} 14,15°
18,17 17,65
A. V. 31,562 Ccm.

4) 52,30 ^{52,45} 14,15°
18,20 17,69
A. V. 31,555 Ccm.

Nach Wasserstoffzusatz:

A. Calibrirdaten: log V 36,00 = 92541 + log 9.00.

1) 39,24 ^{39,40} 14,90°
18,10 17,57
A. V. 2,7375 Ccm.

2) 39,15 ^{39,30} 14,90°
17,85 17,33
A. V. 2,738 Ccm.

3) 39,13 ^{39,30} 14,90°
17,80 17,28
A. V. 2,7374 Ccm.

4) 39,10 ^{39,26} 14,90°
17,75 17,24
A. V. 2,7333 Ccm.

B. Calibrirdaten: log V 36.00 = 93269 + log 9.28.

1) 39,90 ^{40,04} 14,90°
18.58 18,06
A. V. 3,0218 Ccm.

2) 39,81 ^{39,95} 14,90°
18,34 17.82
A. V. 3,0224 Ccm.

3) 39,80 ^{39,92} 14.90°
18,29 17,76
A. V. 3,0235 Ccm.

4) 39.77 ^{39,90} 14,90°
18,25 17,72
A. V. 3,018 Ccm.

C. Calibrirdaten: log V 58.00 = 44245 + log 31,11.

1) 62,04 ^{62,18} 14,90°
18,87 18,35
A. V. 52,49 Ccm.

2) 61.91 ^{62,07} 14,90°
18,62 18,10
A. V. 52,442 Ccm.

3) 61,90 ^{62,05} 14,90°
18,57 18,05
A. V. 52,476 Ccm.

4) 61,87 ^{62,04} 14,90°
18.53 18,00
A. V. 52,46 Ccm.

D. Calibrirdaten: log V 57.00 = 47773 + log 31,12.

1) 60,51 ^{60,70} 14.90°
17,20 16,69
A. V. 56,315 Ccm

2) 60,40 ^{60,58} 14,90°
16,95 16,45
A. V. 56,294 Ccm.

3) 60,38 ^{60,55} 14.90°
16,90 16,40
A. V. 56,30 Ccm.

4) 60,35 ^{60,54} 14,90°
16,85 16,35
A. V. 56,277 Ccm.

E. Calibrirdaten: log V 57.00 = 44785 + log 30,99.

1) 59,42 ^{59,59} 14,90°
18,00 17,48
A. V. 48.49 Ccm

2) 59,30 ^{59,48} 14,90°
17,75 17,24
A. V. 48,47 Ccm.

3) 59,29 ^{59,46} 14,90°
17,70 17,19
A. V. 48,502 Ccm.

4) 59,26 ^{59,44} 14,90°
17,65 17,14
A. V. 48,482 Ccm.

Verpufft. Ablesung nach 24 Stunden:

C.

1) 54,31 ^{54,50} 14,20°
19,50 18,98
A. V. 33,152 Ccm

2) 54,35 ^{54,53} 14,20°
19,56 19,04
A. V. 33,18 Ccm.

3) 54,37 ^{54,55} 14,20°
19,62 19,10
A. V. 33,166 Ccm.

4) 54,40 ^{54,57} 14,20°
19,67 19,15
A. V. 33,183 Ccm.

D.

1) 51,45 ^{51,67} 14.20°
17,63 17,11
A. V. 32,61 Ccm.

2) 51,50 ^{51,69} 14,20°
17,70 17,18
A. V. 32,653 Ccm.

3) 51,51 ^{51,70} 14,20°
17,75 17,23
A. V. 32,627 Ccm.

4) 51,54 ^{51,72} 14,20°
17,80 17,29
A. V. 32,645 Ccm.

E. Calibrirdaten: log V 45,00 = 44297 + log 19,31.

1) 50,37 ^{50,55} 14,20°
16,95 16,45
A. V. 28,69 Ccm.

2) 50,40 ^{50,60} 14,20°
17,02 16,50
A. V. 28,69 Ccm.

3) 50,44 ^{50,60} 14,20°
17,08 16,56
A. V. 28,72 Ccm.

4) 50,45 ^{50,64} 14,20°
17,13 16,61
A. V. 28,697 Ccm.

Das Gas in A und B wird verpufft, wie im vorigen Versuch beschrieben:

A.

1) 36,65 ^{36,81} 13,75°
18,92 18,40
A. V. 1,8222 Ccm.

2) 36,62 ^{36,80} 13,75°
18,86 18,35
A. V. 1,8197 Ccm.

3) 36,59 ^{36,79} 13,80°
18,77 18,25
A. V. 1,8218 Ccm.

4) 36,57 ^{36,75} 13,80°
18,71 18,20
A. V. 1,8202 Ccm.

B.

1) 36,32 ^{36,45} 13,75°
16,95 16,44
A. V. 2,0124 Ccm.

2) 36,30 ^{36,44} 13,75°
16,90 16,39
A. V. 2,0114 Ccm.

3) 36,28 ^{36,42} 13,80°
16,85 16,33
A. V. 2,012 Ccm.

4) 36,25 ^{36,40} 13,80°
16,80 16,28
A. V. 2,008 Ccm.

In Eudiometer D und E wird soviel Knallgas gethan, als vorher Gas bei der Explosion verschwunden war. Die Ablesung wird dann sofort nach der Verpuffung gemacht:

D.

1) 51,60 ^{51,80} 13,85°
17,90 17,40
A. V. 32,725 Ccm.

2) 51,61 ^{51,80} 13,85°
17,95 17,44
A. V. 32,698 Ccm.

3) 51,64 ^{51,85} 13,85°
18,02 17,50
A. V. 32,697 Ccm.

4) 51,66 ^{51,90} 13,85°
18,09 17,55
A. V. 32,674 Ccm.

E.

1) 50,46 ^{50,70} 13,85°
17,23 16,71
A. V. 28,667 Ccm.

2) 50,50 ^{50,70} 13,85°
17,27 16,75
A. V. 28,713 Ccm.

3) 50,52 ^{50,75} 13,85°
17,35 16,82
A. V. 28,685 Ccm.

4) 50,55 ^{50,76} 13,85°
17,40 16,88
A. V. 28,702 Ccm.

Am folgenden Tage wird eine Normalgasbestimmung an sämmtlichen Eudiometern vorgenommen. In diesen wird demnach zum zweiten Mal bestimmt: das Gasquantum, das nach der ersten Explosion sich ergeben hatte, in den Eudiometern A, B, C; das Gasquantum, das nach der Zusetzung und Verpuffung von Knallgas sich ergeben hatte, in D und E:

A.

1) 36,60 ^{36,80} 13,50°
18,83 18,31
A. V. 1,8182 Ccm.

2) 36,56 ^{36,76} 13,50°
18,70 18,17
A. V. 1,820 Ccm.

3) 36,55 ^{36,75} 13,55°
18,66 18,15
A. V. 1,8208 Ccm.

4) 36,55 ^{36,75} 13,55°
18,63 18,11
A. V. 1,824 Ccm.

B.

1)	36,29 ^{36,44} 16,89 A. V.	 16,36 2,0113 Ccm	13,50°	2)	36,25 ^{36,40} 16,76 A. V.	 16,25 2,0142 Ccm.	13,50°
3)	36,25 ^{36,40} 16,74 A. V.	 16,22 2,0161 Ccm.	13,55°	4)	36,22 ^{36,46} 16,70 A. V.	 16,19 2,0108 Ccm.	13,55°

C.

1)	54,25 ^{54,46} 19,42 A. V.	 13,91 33,183 Ccm.	13,50°	2)	54,20 ^{54,41} 19,30 A. V.	 16,79 33,19 Ccm.	13,50°
3)	54,19 ^{54,40} 19,28 A. V.	 18,76 33,184 Ccm.	13,55°	4)	54,17 ^{84,40} 19,25 A. V.	 18,72 33,17 Ccm.	13,55°

D.

1)	51,47 ^{51,70} 17,72 A. V.	 17,20 32,652 Ccm.	13,50°	2)	51,44 ^{51,65} 17,61 A. V.	 17,10 32,69 Ccm.	13,50°
3)	51,42 ^{51,65} 17,58 A. V.	 17,07 32,67 Ccm.	13,55°	4)	51,41 ^{51,61} 17,54 A. V.	 17,03 32,69 Ccm.	13,55°

E.

1)	50,36 ^{50,60} 17,01 A. V.	 16,50 28,693 Ccm.	13,50°	2)	50,31 ^{50,55} 16,90 A. V.	 16,39 28,686 Ccm.	13,50°
3)	50,31 ^{50,55} 16,89 A. V.	 16,38 28,692 Ccm.	13,55°	4)	50,30 ^{50,50} 16,84 A. V.	 16,33 28,714 Ccm.	13,55°

Nach diesen Ablesungen wird in Eudiometer D und E concentrirte Schwefelsäure gelassen. Am nächsten Tage sind die Eudiometer trocken.

Abgelesen wird gegen das Wasserbarometer:

D.

1)	51,39 17,55 A. V.	50,75 ^{50,49} 17,03 32,726 Ccm.	13,30°	2)	51,40 17,59 A. V.	50,78 ^{50,50} 17,08 32,736 Ccm.	13,35°
3)	51,46 17,72 A. V.	50,83 ^{50,55} 17,21 32,734 Ccm.	13,35°	4)	51,49 17,80 A. V.	50,86 ^{50,60} 17,27 32,726 Ccm.	13,35°

E.

1)	49,95 15,90 A. V.	49,23 ^{48,98} 15,39 28,756 Ccm.	13,30°	2)	49,97 15,94 A. V.	49,25 ^{48,99} 15,42 28,735 Ccm.	13,35°
3)	50,02 16,07 A. V.	49,30 ^{49,04} 15,55 28,73 Ccm.	13,35°	4)	50,05 16,13 A. V.	49,32 ^{49,05} 15,61 28,738 Ccm.	13,35°

Die Mittelzahlen des Versuches ergaben:

	A.	B. †	C.	D.	E.
Sauerstoff + Stickstoff .	1,4577	1,6744	30,724	37,734	31,556
Nach Wasserstoffzusatz .	2,7365	3,0214	52,467	56,297	48,486
Verpufft, Ablesung nach 24 Stunden	1,8210	2,0110	33,170	32,634	28,699
Nach Knallgaszusatz und Verpuffung	—	—	—	32,699	28,692

	A.	B.†	C.	D.	E.
Zweite Ablesung	1,8207	2,0138	33,182	32,675	28.696
Das Gas trocken gemessen	—	—	—	32,736	28,738
Sauerstoff in pCt. . . .	20,944	20,120	20,948	20,912	20,912

Die mit geringen Gasmengen angestellten Luftanalysen sind theilweise fehlerhaft, worauf ich unten zurückkomme. Diese fehlerhaften Bestimmungen sind hier, wie später, mit einem † bezeichnet, welches bei Angabe der Mittelzahlen hinzugefügt ist.

Die angeführten Normalversuche (es sind alle Versuche mitgetheilt, die ich angestellt habe) zeigen ein befriedigendes Resultat. Die einzelnen Bestimmungen einer Reihe, welche mit grösseren Luftquantitäten angestellt sind, zeigen eine Uebereinstimmung auf 0,03 pCt. Ich werde später auf diesen Punkt zurückkommen. Höchst merkwürdig jedoch gestalten sich die Resultate der Knallgasverpufungen. Ich habe diesen eine Bemerkung hinzuzufügen: Zufällig ist fast immer so analysirt worden, dass am ersten Tage die Gase in die Eudiometer eingefüllt wurden, am zweiten Tage wurde dann meist die Analyse bis zur Verpuffung vollendet; mit der Ablesung nach der ersten Verpuffung wurde bis zum andern Tage gewartet. Nur in Reihe 3 ist eine Ausnahme gemacht und sofort abgelesen. Dagegen wurde dann nach der Knallgasexplosion sofort die nächste Bestimmung gemacht.

Vergleicht man nun zunächst die auf diese Weise gewonnenen Daten, so ergiebt sich, dass unter 10 Analysen bei 9 ein mehr oder minder beträchtliches Ansteigen des absoluten Volumens nach der Knallgasverpuffung zu constatiren ist. Bei den ersten beiden Reihen ist es sehr hoch (steigt bis 0,19 Cm.), bei den späteren Reihen ist es etwas niedriger (in Reihe 3 und 4 0,06—0,07 Ccm.). Einmal (4. Reihe, Eudiometer E) bleibt das Volumen nach der Verpuffung mit Knallgas constant. Als ich nun bei den späteren Versuchen diese Erscheinung weiter verfolgte, und 24 Stunden nach der Knallgasexplosion eine neue Bestimmung machte, zeigte sich, dass jener Werth (4. Reihe, Eudiometer E), der überhaupt von vornherein constant geblieben war, sichauch jetzt noch nicht geändert hatte. Dagegen zeigten die übrigen 3 Analysen ein verschiedenes Verhalten.

Einmal (Reihe III, Eudiometer B) war der Werth fast vollkommen auf das Volumen nach der ersten Verpuffung gesunken. Zweimal dagegen ging er von seiner Höhe zwar etwas herunter, aber er blieb doch vom ursprünglichen immer noch um einen nachweisbaren Werth verschieden. In der 4. Reihe (Eudiometer D) betrug die Differenz 0,04 Ccm.

Da der Druck, bei dem die Messung erfolgte, nicht einmal eine halbe Atmosphäre betrug, sonst die Analyse regelrecht verlief, so handelt es sich um eine Grösse, die sicher nicht mehr in das Gebiet der Fehlergrenzen der Analyse fällt.

Es entstand nun die Frage, wie kommen diese auffälligen Vermehrungen des Volumens nach Knallgasverpuffungen zu Stande, und warum schwanken nach der Verpuffung die Werthe der Normalbestimmungen in so auffallender Weise?

Zunächst könnte man den Einwand erheben, es sei nach der Verpuffung nicht lange genug gewartet mit der Ablesung, die Temperatur der Gase sei stets noch höher gewesen, als die des umgebenden Mediums. Dagegen ist aber folgendes anzuführen:

Erstens beweisen die oben mitgetheilten Erwärmungs- und Abkühlungsversuche von Gasen durch Temperaturänderung des umgebenden Wassers, mit welcher Geschwindigkeit die Gase in dem Eudiometer genau die Wassertemperatur annehmen. Bei diesen Versuchen erfolgte sogar unmittelbar nach der Abkühlung des Wassers die Ablesung, während doch nach einer Explosion stets einige Zeit mit dem Zulassen und der Mischung des Wassers, der Abnahme der Kupferdrähte, dem Richten der Eudiometer etc. vergeht. Beobachtet man den Stand der Meniscuskuppe in einem Eudiometer nach einer Explosion, so ändert er sich factisch, sobald man unter diesen Umständen zur Ablesung kommt, im Laufe von Minuten nicht mehr nachweisbar.

Zweitens: In der 4. Reihe befanden sich Eudiometer D und E unter möglichst gleichen Verhältnissen, und doch zeigt nach der Explosion des Knallgases sich in Eudiometer E die erwähnte Volumsvermehrung, während der Werth in Eudiometer D sich nicht mehr ändert.

Drittens: Trocknet man das Gasvolumen nach der Explosion des Knallgases, so ergiebt sich ein noch etwas höherer Werth, als der höchste, der überhaupt beobachtet war (4. Reihe, Eudiometer D und E), doch steht er diesem höchsten beobachteten Werth sehr nahe. In der 4. Reihe, Eudiometer D, ist der Werth nach der ersten Explosion 32,634; der höchste Werth sofort nach der Knallgasexplosion ist 32,699, nach 24 Stunden 32,675, dasselbe Gasquantum getrocknet beträgt 32,73 Ccm. Bei der Analyse in Eudiometer E der 4. Reihe war stets bei sämmtlichen Ablesungen Constanz des Volumens beobachtet und der Werth nach der Trocknung steht diesen constanten Werthen sehr nahe.

Diese zuletzt erwähnten Trocknungsexperimente zeigen uns, wie die Inconstanz der Werthe zu Stande gekommen ist: der einzige inconstante Factor, mit dem wir bei der Gasanalyse zu rechnen haben, die Tension des Wasserdampfes, hatte auch diesen Fehler hervorgerufen.

Die wahrscheinliche Erklärung würde anschliessend an Regnault's Deductionen, folgende sein: Unmittelbar nach der Verpuffung ist das Gas mit Wasserdampf gesättigt und die Glaswand mit einer Flüssigkeitsschicht überzogen. Indess an einigen Stellen ist dieselbe ausserordentlich dünn und mit der Zeit wird sie durch Abfliessen des Wassers stetig dünner. In diesem Zustand absorbirt die Wand wieder Wasser, zum Schluss tritt ein Gleichgewichtszustand ein zwischen Absorption und Abgabe des Wasserdampfes. Ist dieser Zustand erreicht, so erhält man für längere Zeit constante Werthe, vorher sinken sie stetig.

Dieser Moment, in dem sich Absorption und Abgabe des Wasserdampfes die Waage halten, ist durch den physikalischen Zustand der Glaswand bedingt. Ein Theil der Glaswand hält mit grosser Energie das Wasser fest (s. z. B. die Versuchsprotocolle S. 76—78), ein anderer lässt es schnell ablaufen, und ein dritter endlich nimmt überhaupt kein Wasser an.

Ist nun der Zustand der Glaswand ein solcher, dass die beiden letztgenannten Fälle überwiegen, so tritt einige Zeit nach einer Benetzung ein deutliches Heruntergehen der Wasserdampftension ein, überwiegt der zuerst betrachtete Fall, so bleibt sie nahezu constant. — Im Allgemeinen stellt sich daher einige Zeit nach einer Benetzung ungefähr der alte Zustand der Glaswand wieder her, d. h. sie ist wieder von einer ähnlichen, nur etwas dichteren Flüssigkeitsdecke überzogen, als vor der Verpuffung. Absolut genommen giebt demnach gerade die Ablesung direct nach der Knallgasexplosion den richtigsten Volumenwerth des zu bestimmenden Gases, wie dies die Trocknungsversuche beweisen.

Welches nun aber auch die Erklärung sein mag, eins folgt aus den mitgetheilten Experimenten, dass auf dem bisher beschrittenen Wege eine absolut sichere Antwort auf die Frage nach der Reinheit des im Bunsen'schen Knallgasapparat dargestellten Knallgases nicht zu erreichen war. Es blieb nichts übrig, als diesen inconstanten Factor, die Wasserdampftension, gänzlich auszuschalten und die Gase trocken zu analysiren. Daher wurde dann zunächst nach der bisher beschriebenen Versuchsanordnung verfahren, aber es wurde das Gas über concentrirter Schwefelsäure analysirt:

In diesem Versuch wurde zugleich auch noch die Lösung einer anderen Frage gesucht:

Oben ist (in den Protocollen der Versuche) angegeben, dass wenn man unmittelbar nach einer Compression ein unter Wasserdampftension stehendes Gas bestimmt, man sehr häufig ein kleineres Quantum erhält, als wenn das Gas längere Zeit bei demselben Druck gestanden hätte. Es war nun zunächst zu entscheiden, ob dieselbe Erscheinung bei trockenen Gasen auftrete.

5. Reihe.

Eudiometer A, D, E von 18 Mm. Durchmesser und Eudiometer B und C von 10 Mm. Durchmesser werden sorgfältig gereinigt (rauchende Salpetersäure, Wasser, Alkohol) und mit trockenem Quecksilber gefüllt.

Am ersten Tage wurde dann die Luft eingelassen und Schwefelsäure in die Eudiometer gebracht. — Das Schwefelsäurebarometer hatte einen Fehler von 0,06 Cm. Es wurde mit grosser Sorgfalt darauf geachtet, dass sein Meniscus stets an derselben Stelle blieb.

2. Tag.

Sauerstoff + Stickstoff:

A. Calibrirdaten: log V 50,00 = 47590 + log 24,25.

1)	53,20	52,44 ^{52,16}	13,20°	2)	53,24	52,46 ^{52,20}	13,20°
	15,55	14,60			15,60	14,65	
	A. V.	37,76 Ccm.			A. V.	37,78 Ccm.	
3)	52,25	52,49 ^{52,22}	13,25°	4)	53,27	52,50 ^{52,24}	13,25°
	15,65	14,70			15,69	14,75	
	A. V.	37,775 Ccm.			A. V.	37,767 Ccm.	

B. Calibrirdaten: log V 34,00 = 92541 + log 7,00.

1)	34,78	34,11 ^{33,87}	13,20°	2)	34,80	34,14 ^{33,90}	13,20°
	16,66	15,71			16,72	15,76	
	A. V.	1,3627 Ccm.			A. V.	1,3655 Ccm.	
3)	34,80	34,15 ^{33,91}	13,25°	4)	34,82	34,16 ^{33,92}	13,25°
	16,76	15,82			16,81	15,86	
	A. V.	1,364 Ccm.			A. V.	1,3638 Ccm.	

C. Calibrirdaten: log V 30,00 = 93269 + log 3,28.

1)	34,71	34,50 ^{34,25}	13,20°	2)	34,73	34,52 ^{34,21}	13,20°
	14,60	13,65			14,65	13,70	
	A. V.	1,6873 Ccm.			A. V.	1,6892 Ccm.	
3)	34,75	34,52 ^{34,23}	13,25°				
	14,70	13,75					
	A. V.	1,6863 Ccm.					

D. Calibrirdaten: log V 50,00 = 44189 + log 23,15.

1)	55,66	54,76 ^{54,50}	13,20°	2)	55,70	54,79 ^{54,52}	13,20°
	17,69	16,74			17,75	16,80	
	A. V.	36,792 Ccm.			A. V.	36,812 Ccm.	
3)	55,71	54,81 ^{54,55}	13,25°	4)	55,74	54,84	13,25°
	17,79	16,84			17,84	16,90	
	A. V.	36,80 Ccm.			A. V.	36,822 Ccm.	

E. Calibrirdaten: log V 51,00 = 44505 + log 25,19.

1)	52,79	52,12 ^{56,85}	13,20°	2)	52,81	52,15 ^{51,89}	13,20°
	14,92	13,96			14,97	14,04	
	A. V.	34,832 Ccm.			A. V.	34,895 Ccm.	

3)	52,84	52,16 ^{51,90}	13,25°	4)	52,85	52,19 ^{51,92}	13,25°
	15,02	14,06			15,06	14,14	
	A. V.	34,883 Ccm.			A. V.	34,894 Ccm.	

Es wird Wasserstoff zugelassen und 24 Stunden gewartet. Die Schwefelsäure läuft vollkommen zusammen.

3. Tag.

Nach Wasserstoffzusatz:

A. Calibrirdaten: log V 57,00 = 47773 + log 31,12.

1)	64,20	63,44 ^{63,17}	13,25°	2)	64,14	63,38 ^{63,10}	13,30°
	15,07	14,11			14,90	13.96	
	A. V.	69,57 Ccm.			A. V.	69,60 Ccm.	
3)	64,09	63,31 ^{63,05}	13,30°	4)	64,05	63,28 ^{63,02}	13,35°
	14.79	13.84			14,70	13,75	
	A. V.	69,554 Ccm.			A. V.	69,555 Ccm.	

B. Calibrirdaten: log V 36,00 = 92541 + log 9,00.

1)	40,63	39,95 ^{39,70}	13,25°	2)	40,57	39,90 ^{39,65}	13,30°
	16,16	15,21			16,00	15,05	
	A. V.	3,3494 Ccm.			A. V.	3,3495 Ccm.	
3)	40,53	39,86 ^{39,61}	13,30°	4)	40,50	39,83 ^{39,58}	13,35°
	15,89	14,94			15,80	14,85	
	A. V.	3 3486 Ccm.			A. V.	3.3482 Ccm.	

C. Calibrirdaten: log V 36,00 = 93269 + log 9.28.

1)	40,40	40,19 ^{39,94}	13,25°	2)	40,35	40,14	13,30°
	14,09	13,14			13,94	12,99	
	A. V.	3,8173 Ccm.			A. V.	3,8167 Ccm	
3)	40,30	40,09 ^{39,84}	13,30°	4)	40 28	40,06 ^{39,81}	13,35°
	13,80	12,85			13,72	12,76	
	A. V.	3,8155 Ccm.			A. V.	3,8148 Ccm.	

D. Calibrirdaten: log V 65,40 = 44046 + log 38,685.

1)	66,51	65,61 ^{65,35}	13,25°	2)	66,45	65,55 ^{65,28}	13,30°
	17,25	16,30			17,09	16,15	
	A. V.	66,247 Ccm.			A. V.	66,267 Ccm.	
3)	66,40	65,49	13,30°	4)	66,36	65,45 ^{65,19}	13,35°
	16,96	16,01			16,88	15,91	
	A. V.	66,273 Ccm.			A. V.	66,245 Ccm.	

E. Calibrirdaten: log V 63.20 = 44645 + log 37,31.

1)	64,25	63,59 ^{63,31}	13,25°	2)	64,19	63,53 ^{63,26}	13,30°
	14,45	13,50			14,30	13,36	
	A. V.	65,872 Ccm.			A. V.	65,829 Ccm.	
3)	64,13	63,46 ^{63,20}	13,30°	4)	64,10	63,44 ^{63,17}	13,35°
	14,17	13,24			14,09	13,14	
	A. V.	65,843 Ccm.			A. V.	65,873 Ccm.	

Es wird verpufft in Eudiometer A, D, E. Nach 24 Stunden wird die erste Bestimmung gemacht. Dicht über den Schwefelsäuremenisken liegen einzelne isolirte kleinere Schwefelsäuretropfen. welche sich nicht mit der übrigen Schwefelsäure vereinigen.

4. Tag.

A. Calibrirdaten: log V 50.00 = 47590 + log 24.25.

1)	56,20	55.41	13,00°	2)	56,22	55,45 ^{55,19}	13,00°
	15,02	14.05			15,10	14,13	
	A. V.	45,917 Ccm.			A. V.	45,913 Ccm.	
3)	56,25	55,47 ^{55,20}	13,05°	4)	56,20	55,43 ^{55,16}	13,05°
	15,15	14,20			15,03	14,09	
	A. V.	45,912 Ccm.			A. V.	45,93 Ccm.	

E. Calibrirdaten: log V 51,00 = 44505 + log 25,19.

1)	56,52	55,86 55,60	13,00°	2)	56,55	55,90 55,63	13,00°
	14,76	13,81			14,85	13,90	
	A. V.	43,95 Ccm.			A. V.	43,946 Ccm.	
3)	56,59	55,91 55,65	13,05°	4)	56,53	55,86 55,60	13,05°
	14,90	13,95			14,76	13,82	
	A. V.	43,94 Ccm.			A. V.	43,952 Ccm.	

D. Calibrirdaten: log V 50,00 = 44189 + log 23,15.

1)	57,89	56,96 56,70	13,00°	2)	57,91	57,00 56,74	13,00°
	16,62	15,68			16,71	15,76	
	A. V.	43,166 Ccm.			A. V.	43,15 Ccm.	
3)	57,94	57,02 56,75	13,05°	4)	57,89	56,97	13,05°
	16,75	15,80			16,62	15,68	
	A. V.	43,16 Ccm.			A. V.	43,172 Ccm.	

5. Tag.

A.

1)	56,10	55,33 55,06	13,25°	2)	56,10	55,32 55,05	13,25°
	14,78	13,85			14,76	13,83	
	A. V.	45,907 Ccm.			A. V.	45,912 Ccm.	
3)	56,09	55,30 55,05	13,25°	4)	56,05	55,29 55,01	13,25°
	14,74	13,80			14,66	13,72	
	A. V.	45,893 Ccm.			A. V.	45,922 Ccm.	

E.

1)	56,35	55,69 55,41	13,25°	2)	56,35	55,67 55,40	13,25°
	14,30	13,36			14,29	13,35	
	A. V.	43,964 Ccm.			A. V.	43,945 Ccm.	
3)	56,32	55,66 55,40	13,25°	4)	56,30	55,65 55,37	13,25°
	14,25	13,32			14,20	13,25	
	A. V.	43,941 Ccm.			A. V.	43,957 Ccm.	

D.

1)	57,79	56,87 56,60	13,25°	2)	57,79	56,86	13,25°
	16,37	15,44			16,36	15,42	
	A. V.	43,184 Ccm.			A. V.	43,181 Ccm.	
3)	57,77	56,85 56,59	13,25°	4)	57,74	56,83 56,55	13,25°
	16,34	15,40			16,26	15,33	
	A. V.	43,166 Ccm.			A. V.	43,189 Ccm.	

In sämmtliche Eudiometer wird Knallgas eingelassen.

Calibrirdaten:

A. log V 57,00 = 47773 + log 31,12.
E. log V 63,20 = 44645 + log 37,31.
C. log V 36,00 = 93269 + log 9,28.
D. log V 65,40 = 44046 + log 38,685.
B. log V 44,00 = 92233 + log 17,12.

Nach Zulassung des Knallgases:

A.	64,03	63,26	13,30°	B.	45,94	45 26	13,30°
	14,51				14,59		
	A. V.	69,73 Ccm.			A. V.	5,851 Ccm.	
C.	43,98	42,75	13,30°	D.	66,50	65,61	13,30°
	13,50				16,15		
	A. V.	5,245 Ccm.			A. V.	67,70 Ccm.	

E.	64,17	63,53	13,30°
	14,03		
	A. V.	66,20 Ccm.	

Nach der Verpuffung wird 24 Stunden gewartet.

6. Tag.

A.

1)	56,00	55,23 ^{54,96}	13,25°	2)	55,95	55,16 ^{54,90}	13,30°
	14,50	13,55			14,34	13,40	
	A. V.	45,95 Ccm.			A. V.	45,954 Ccm.	
3)	55,92	55,15 ^{54,89}	13,30°	4)	55,90	55,14 ^{54,87}	13,35°
	14,30	13,35			14,26	13,31	
	A. V.	45,95 Ccm.			A. V.	45,948 Ccm.	

B.

1)	38,20	37,53 ^{37,29}	13,25°	2)	38,15	37,49 ^{37,24}	13,30°
	15,75	14.80			15,60	14,65	
	A. V.	2,499 Ccm.			A. V.	2,500 Ccm.	
3)	38,15	37,47 ^{37,22}	13,30°	4)	38,14	37,45 ^{37,21}	13,35°
	15,56	14,61			15,53	14,59	
	A. V.	2,4997 Ccm.			A. V.	2,4967 Ccm.	

C.

1)	37,74	37,52	13,25°	2)	37,70	37,47 ^{37,22}	13,30°
	13,74	12,80			13,60	12,65	
	A. V.	2,7928 Ccm.			A. V.	2,7908 Ccm.	
3)	37,68	37,45 ^{37,20}	13,30°	4)	37,67	37,45 ^{37,20}	13,35°
	13,55	12,61			13,51	12,57	
	A. V.	2,789 Ccm.			A. V.	2,7819 Ccm.	

D.

1)	58,00	57,09 ^{56,82}	13,25°	2)	57,94	57,02 ^{56,76}	13,30°
	16,82	15,87			16,68	15,74	
	A. V.	43,218 Ccm.			A. V.	43,193 Ccm.	
3)	57,92	57,00 ^{56,75}	13,30°	4)	57,90	57.00	13,35°
	16,64	15,70			16,60	15,65	
	A. V.	43,186 Ccm.			A. V.	43,20 Ccm.	

E.

1)	56,40	55,73 ^{55,46}	13,25°	2)	56,33	55,68 ^{55,40}	13,30°
	14,40	13,45			14,26	13,32	
	A. V.	43,97 Ccm.			A. V.	43,962 Ccm.	
3)	56,31	55,65 ^{55,39}	13,30°	4)	56,30	55,65 ^{55,38}	13,35°
	14,21	13,28			14,20	13,25	
	A. V.	43,957 Ccm.			A. V.	43,940 Ccm.	

Um 10 Uhr 45 Minuten wird das Quecksilberniveau der Wanne so tief gesenkt, dass z. B. in Eudiometer E folgende Ablesung sich ergiebt:

57,60	56,95 ^{56,69}
17,24	16,30

Um 12 Uhr 9 Minuten wird das Quecksilberniveau wieder gehoben; die folgende Serie von Ablesungen dauert von 12 Uhr 10 Minuten bis 12 Uhr 28 Minuten. Die Eudiometer sind in der Reihenfolge notirt, in der abgelesen wurde:

D.

1)	57,94	57,03 ^{56,75}	13,40°	2)	57,92	57,01 ^{56,75}	13,40°
	16,65	15,71			16,61	15,67	
	A. V.	43,224 Ccm.			A. V.	43,216 Ccm.	
3)	57,90	56,99 ^{56,71}	13,40°	4)	57,87	56,96 ^{56,70}	13,40°
	16,57	15,62			16,50	15,56	
	A. V.	43,208 Ccm.			A. V.	43,206 Ccm.	

E.

1)	56,35	55,68 ^{55,40}	13,40°	2)	56,31	55,66 ^{55,40}	13,40°
	14,25	13,31			14,21	13,28	
	A. V.	43,977 Ccm.			A. V.	43,948 Ccm.	

3)	56,30	55,65 ^{55,37}	13,40°	4)	56,27	55,61 ^{55,35}	13,40°
	14,16	13,24			14,10	13,16	
	A. V.	43,974 Ccm.			A. V.	43,947 Ccm.	

A.

1)	55,95	55,17 ^{54,90}	13,40°	2)	55,93	55,15	13,40°
	14,34	13,40			14,30	13,35	
	A. V.	45,953 Ccm.			A. V.	45,943 Ccm.	
3)	55,90	55,14 ^{54,87}	13,40°	4)	55,89	55,11 ^{54,84}	13,40°
	14,25	13,30			14,17	13,24	
	A. V.	45,95 Ccm.			A. V.	45,98 Ccm.	

7. Tag.

Eudiometer A, D, E werden noch einmal abgelesen. 48 Stunden nach der Knallgasverpuffung:

A.

1)	55,80	55,02 ^{54,75}	13,35°	2)	55,81	55,05 ^{54,77}	13,40°
	13,99	13,05			14,03	13,09	
	A. V.	45,946 Ccm.			A. V.	44,951 Ccm.	
3)	55,85	55,08 ^{54,80}	13,40°	4)	55,80	55,04 ^{54,77}	13,40°
	14,11	13,17			14,01	13,09	
	A. V.	45,956 Ccm.			A. V.	45,948 Ccm.	

E.

1)	56,20	55,53 ^{55,25}	13,35°	2)	56,21	55,55 ^{55,28}	13,40°
	13,90	12,96			13,95	13,00	
	A. V.	43,972 Ccm.			A. V.	43,952 Ccm.	
3)	56,25	55,59 ^{55,31}	13,40°	4)	56,20	55,54 ^{55,27}	13,40°
	14,04	13,10			13,94	13,00	
	A. V.	43,959 Ccm.			A. V.	43,938 Ccm.	

D.

1)	57,79	56,87 ^{56,60}	13,35°	2)	57,80	56,89 ^{56,62}	13,40°
	16,30	15,36			16,35	15,40	
	A. V.	43,21 Ccm.			A. V.	43,19 Ccm.	
3)	57,84	56,92 ^{56,65}	13,40°	4)	57,80	56,89 ^{56,61}	13,40°
	16,43	15,49			16,34	15,40	
	A. V.	43,19 Ccm.			A. V.	43,20 Ccm.	

Die Mittelzahlen dieses Versuches ergaben:

	A.	B.	C.†	D.	E.
Sauertoff + Stickstoff . . .	37,771	1,364	1,688	36,806	34,889
Nach Wasserstoffzusatz . .	69,570	3,349	3,816	66,258	65,857
Verpufft nach 24 Stunden	45,918	2,499	2,789	43,162	43,947
nach 48 Stunden . .	45,909	—	—	43,180	43,952
Verpufft nach Knallgaszusatz nach 24 Stunden .	45,951	—	—	43,199	43,972
nach Compression .	45,956	—	—	43,213	43,962
nach 48 Stunden . .	45,950	—	—	43,198	43,955
Sauerstoff in pCt.	20,88	20,77	20,29	20,91	20,93

Bei diesem Versuche passirte, wie im Protokoll angegeben, ein kleiner Fehler; nach der ersten Explosion erschienen über den Schwefelsäuremenisken kleine Tropfen Schwefelsäure, die sich nicht mehr mit der übrigen Schwefelsäure vereinigen liessen. Es waren nie viel, und ihre Menge, der Schätzung nach nicht bedeutend. Der Versuch zeigte nun, dass jene bedeutenden Differenzen nach Knallgasverpuffung, die früher gefunden waren, in der That nicht in der Zusammensetzung des Knallgases ihren Grund haben und es blieb nach diesem Versuch nur noch zu entscheiden, ob in der That das Knallgas nicht etwa minimale Verunreinigungen enthalte:

Diese Frage lässt sich mit Sicherheit nur lösen, wenn man grössere Mengen Knallgas verpufft.

Jene Ausscheidung von Tropfen über dem Schwefelsäuremeniscus kann man vermeiden, wenn man das Quecksilber, mit dem die Eudiometer gefüllt werden, durch Schütteln mit verdünnter Salpetersäure sorgfältig reinigt.

Nach diesen Gesichtspunkten wurde dann die Ausführung des entscheidenden Versuches unternommen. Er sollte zugleich auch beweisen, dass der von mir angewandte, chemisch entwickelte Wasserstoff wirklich rein sei.

6. Reihe.

Versuch, angestellt zur Entscheidung der Frage, ob das angewandte Wasserstoffgas rein war, und ob das im Bunsen'schen Knallgasapparat bereitete Knallgas ohne Rückstand verpufft.

Ein Eudiometer von 18 Mm. Durchmesser wird mehrfach auf das sorgfältigste gereinigt und mit sorgfältig gereinigtem Quecksilber gefüllt.

Um sicher zu sein, dass keine Luft an den Wänden des Eudiometers adhärirt, und damit beim Einführen des Wasserstoffs keine Quecksilberperlen an der Wand haften bleiben, wird folgendermassen verfahren: Nach der Reinigung wird das Eudiometer mehrfach mit destillirtem Wasser ausgespült und sodann mit der Mündung nach unten an die Wand gehängt. Nach etwa 10 Minuten ist der grösste Theil des Wassers abgeflossen, die Mündung des Eudiometers wird sorgfältig abgewischt und nun das Quecksilber eingelassen.

Das Quecksilber legt sich glatt an die Wand an. Das auf seiner Oberfläche schwimmende Wasser wird nach Vollendung der Füllung sorgfältig abgetupft. Alsdann wird das Eudiometer in den Apparat gesetzt und Wasserstoff eingelassen. Beim Einführen desselben bleiben keine Quecksilberperlen an der Wand haften. Zum Schluss liess ich nach dem Wasserstoff concentrirte Schwefelsäure im Eudiometer aufsteigen. Bereits nach 24 Stunden erschien das Eudiometer vollkommen trocken. Doch wurde erst nach 48 Stunden die erste Bestimmung gemacht. Nirgend trat bei diesem Versuch eine Tropfenbildung über dem Meniscus hervor.

Fehler des Schwefelsäure-Barometers = 0,06 Cm.

Erste Bestimmung nach 48 stündiger Trocknung:

Calibrirdaten: log V 57,00 = 47773 + log 31,12.

1)	72,19	71,05 ^{70,78}	14,25°	2)	72,14	71,01 ^{70,73}	14,30°
	14,32	13,37			14,22	13,28	
	A. V.	98,048 Ccm.			A. V.	98,028 Ccm.	

3) 72,10	70,97 ^{70,70}	14,35°		4) 72,07	70,95 ^{70,68}	14,35°
14,15	13,20			14,09	13,14	
A. V.	97,974 Ccm.			A. V.	97,98 Ccm.	

Nach Knallgaszusatz:

Calibrirdaten: $\log V\ 78{,}00 = 47835 + \log 52{,}05.$

80,95 79,85 14,20°
13,85
A. V. 135,86 Ccm.

Nach Verpuffung und 24stündiger Trocknung:

1) 71,57	70,44 ^{70,16}	14,70°		2) 71,62	70,48 ^{70,21}	14,70°
12,81	11,88			12,90	11,96	
A. V.	98,05 Ccm.			A. V.	98,024 Ccm.	
3) 71,66	70,52 ^{70,25}	14,75°		4) 71,70	70,57 ^{70,30}	14,75°
13,00	12,06			13,10	12,16	
A. V.	98,06 Ccm.			A. V.	98,068	

Nach 48stündiger Trocknung:

1) 71,80	70,67 ^{70,40}	15,15°		2) 71,77	70,65 ^{70,37}	15,15°
13,26	12,31			13,19	12,24	
A. V.	98,026 Ccm.			A. V.	98,048 Ccm.	
3) 71,75	70,62 ^{70,35}	15,20°		4) 71,70	70,56 ^{70,30}	15,20°
13,13	12,19			13,01	12,07	
A. V.	98,034 Ccm.			A. V.	98,022 Ccm.	

Zweimal wird Knallgas zugesetzt und verpufft. Die beiden Bestimmungen nach Knallgaszusatz sind folgende:

Nach dem ersten Knallgaszusatz:

80,64 79,52 15,20°
13,79
A. V. 134,04 Ccm.

Nach dem zweiten Knallgaszusatz:

80,60 79,50 15,20°
13,87
A. V. 133,75 Ccm.

Nach der letzten Verpuffung wird 24 Stunden gewartet und dann folgende Normalbestimmung gemacht:

1) 71,78	70,64 ^{70,37}	15,80°		2) 71,75	70,62 ^{70,35}	15,85°
13,05	12,10			12,99	12,05	
A. V.	98,046 Ccm.			A. V.	98,035 Ccm	
3) 71,73	70,59 ^{70,32}	15,90°		4) 71,70	70,55 ^{70,29}	15,90°
12,92	11,98			12,84	11,90	
A. V.	98,038 Ccm.			A. V.	98,032 Ccm.	

Nach 48stündiger Trocknung wird die zweite Normalbestimmung gemacht:

1) 71,76	70,62 ^{70,35}	16,20°		2) 71,70	70,57 ^{70,30}	16,20°
12,93	11,99			12,80	11,86	
A. V.	98,028 Ccm.			A. V.	98,034 Ccm.	
3) 71,65	70,50 ^{70,24}	16,20°		4) 71,70	70,55 ^{70,28}	16,20°
12,66	11,72			12,76	11,81	
A. V.	98,03 Ccm.			A. V.	98,057 Ccm.	

Die Mittelzahlen des Versuchs ergeben:

Reiner Wasserstoff nach 48stündiger Trocknung . . .	98,048 Ccm.
Nach Verpuffung von 37,8 Ccm. Knallgas und 24stündiger Trocknung	98,051 „
Nach 48stündiger Trocknung	98,032 „
Nach Verpuffung von 71,7 Ccm. Knallgas und 24stündiger Trocknung	98,037 „
Nach 48stündiger Trocknung	98,037 „

Dieser Versuch beweist, dass in der That der Wasserstoff vollkommen rein ist und das Knallgas ohne Rückstand verpufft, er zeigt aber ferner auch, mit welch grosser Schärfe es möglich ist, trockene Gase zu bestimmen.

Ehe ich zu einigen Schlussfolgerungen übergehe, die sich aus den angeführten Untersuchungen ableiten lassen, habe ich noch einige Versuche mitzutheilen, die sich zum Theil auf schon behandelte Fragen beziehen. In den nächsten Reihen wird noch einmal die Frage untersucht werden, mit welcher Genauigkeit sich sehr geringe Gasmengen analysiren lassen. Bei diesen Reihen ist das Gas über dem Meniscus einer 1 proc. Kalilauge gemessen, um die Bedingungen denen, unter welchen bei den Blutgasanalysen gearbeitet wird, möglichst anzunähern. In der 11. Reihe wird untersucht, binnen welcher Zeit die concentrirte Schwefelsäure ein unter höherem Druck befindliches mit Wasserdampf gesättigtes Gasgemisch (Stickstoff und Wasserstoff) zu trocknen im Stande ist. In der 12. Reihe endlich wird eine Frage behandelt, die für den praktischen Gebrauch der Gasanalyse wichtiger ist, als alles bisher Untersuchte. In der Einleitung ist auseinandergesetzt, dass der Hauptzweck, den ich verfolgte, ist, eine schnell zum Ziele führende und doch sichere gasanalytische Methode zu schaffen. Demzufolge habe ich noch eine Reihe von Luftuntersuchungen angestellt, bei denen nach der bisher üblichen Weise verfahren wurde, d. h. es wurden stets nur einfache Ablesungen gemacht; dabei wurde die Zeit notirt, welche jede Reihe von Analysen in Anspruch nahm. Selbstverständlich sind auch hier sämmtliche Untersuchungen angeführt, die ich angestellt habe. Um die Masse des analytischen Materials nicht unnöthig zu vermehren, gebe ich die letzten Reihen im Auszug.

7. Reihe.

Versuch, angestellt, um zu entscheiden, mit welcher Genauigkeit sich geringe Gasmengen analysiren lassen. Zwei Eudiometer (B und C) von 10 Mm. Durchmesser werden sorgfältig gereinigt und mit Wasser beschickt. Nach dem

Einlass der Luft liess ich ausgekochte 1 proc. Kalilauge im Eudiometer aufsteigen. Der Druck, unter dem die Gase standen, betrug bei den Bestimmungen zwischen 20 und 27 Cm. Nach dem Wasserstoffzusatz musste Knallgas zugesetzt werden. Die Analyse dauert von dem Augenblick an, wo der Glascylinder gesenkt wurde, bis zur letzten Ablesung 1 Stunde und 20 Minuten. Die Zahlen sind Cubikcentimeter.

	B.	C.
Sauerstoff + Stickstoff:		
	2,3592	2,4908
	2,3596	2,4917
	2,3571	2,4932
	2,3544	2,4922
Nach Wasserstoffzusatz:		
	5,0816	4,5788
	5,0806	4,5765
	5,0804	4,5795
	5,0790	4,5772
Verpufft:		
	3,6475	3,0208
	3,6446	3,0212
	3,6424	3,0239
	3,6427	3,0218

Die Mittelzahlen des Versuches ergeben:

	B.†	C.
Sauerstoff + Stickstoff	2,3576	2,492
Nach Wasserstoffzusatz	5,0804	4,578
Verpufft	3,6443	3,022
Sauerstoff in pCt.	20,31	20,82

In den nächsten drei Reihen werden Luftanalysen mitgetheilt, welche an drei auf einander folgenden Tagen Vormittags ansgeführt wurden. Nach den Verpuffungen wurde sofort abgelesen.

8. Reihe.

	Analyse I.	Analyse II.	Analyse III.
Sauerstoff + Stickstoff:			
	2,0855	1,9250	1,2720
	2,0858	1,9232	1,2716
	2,0797	1,9245	1,2660
	2,0839	1,9233	
Nach Wasserstoffzusatz:			
	4,1292	3,6573	2,5214
	4,1287	3,6550	2,5188
	4,1255	3,6565	2,5228
	4,1281	3,6526	

Verpufft:

2,8358	2,4630	1,7351
2,8334	2,4592	1,7326
2,8364	2,4596	1,7326
2,8366	2,4604	

Die Mittelzahlen ergeben:

	I.	II.	III.
Sauerstoff + Stickstoff	2,0840	1,9240	1,2699
Nach Wasserstoffzusatz	4,1280	3,6526	2,5210
Verpufft	2,8356	2,4605	1,7334
Sauerstoffgehalt in pCt.	20,68	20,66	20,69

9. Reihe.

	I.	II.	III.
Sauerstoff + Stickstoff:			
	1,5960	1,3808	2,6371
	1,5973	1,3816	2,6315
	1,5957	1,3821	2,6323
Nach Wasserstoffzusatz:			
	3,9652	3,0705	5,9293
	3,9666	3,0702	5,9302
	3,9660	3,0688	5,9310
Verpufft:			
	2,9693	2,2110	4,2918
	2,9690	2,2100	4,2914
	2,9737	2,2120	4,2910

Die Mittelzahlen ergeben:

	I.	II.	III.
Sauerstoff + Stickstoff	1,5963	1,3815	2,6336
Nach Wasserstoffzusatz	3,9659	3,0698	5,9302
Verpufft	2,9673	2,2110	4,2914
Sauerstoff in pCt.	20,85	20,69	20,742

10. Reihe.

	I.	II.	III.
Sauerstoff + Stickstoff:			
	1,7838	1,4883	1,5892
	1,7824	1,4880	1,5880
	1,7834	1,4890	1,5868
			1,5891
Nach Wasserstoffzusatz:			
	4,4568	2,9407	4,1676
	4,4534	2,9427	4,1683
	4,4540	2,9459	4,1680

Verpufft:

3,3488	2,0217	3,1710
3,3486	2,0204	3,1726
3,3494	2,0204	3,1667

Die Mittelzahlen ergeben:

	I.	II.	III.
Sauerstoff + Stickstoff	1,7832	1,4884	1,5883
Nach Wasserstoffzusatz	4,4547	2,9431	4,1679
Verpufft	3,3489	2,0283	3,1701
Sauerstoff in pCt.	20,67	20,49	20,94

11. Reihe.

Versuch, angestellt um zu entscheiden, binnen wie langer Zeit concentrirte Schwefelsäure ein in einem feuchten Rohr befindliches Gasgemisch auszutrocknen vermag. Es wurden zwei Eudiometer verwandt, ein weites (18 Mm.) und ein enges (10 Mm.). Sie wurden in gewohnter Weise gereinigt, sorgfältig mit Wasser benetzt und dann in ihnen eine Luftanalyse mit einfachen Ablesungen angestellt (die Luftanalyse folgt in der nächsten Reihe). 2 Stunden nach der Verpuffung wurde eine Normalbestimmung gemacht, dann concentrirte Schwefelsäure eingelassen. Am nächsten Tage erschien das weite Eudiometer ziemlich trocken, das enge in seinem oberen Theil noch sehr feucht. Die Gassäulen in beiden Eudiometern waren annähernd gleich lang. Der Druck, unter dem gemessen wurde, betrug im weiten Eudiometer 57, im engen 55 Cm. Abgelesen wurde stets gegen ein Schwefelsäurebarometer. Das Quecksilber war nicht ganz rein, es hinterliess, allerdings unbedeutende, Absätze an der Glaswand; doch waren die Schwefelsäuremenisken normal.

Die Mittelzahlen des Versuches ergeben (die Zahlen sind Cubikcentimeter):

	weites Rohr	enges Rohr
1. Tag, feucht gemessen	85,213	23,240
2. Tag, nach 24stünd. Trocknung	86,249	—
3. Tag, nach 48stünd. Trocknung	85,260	23,535
4. Tag, nach 3täg. Trocknung	85,237	23,282
5. Tag, nach 4täg. Trocknung	85,232	23,274

12. Reihe.

Diese Reihe enthält die Versuche, welche einen directen Vergleich zwischen der früheren und der geschilderten Methode ermöglichen. Es wurden sowohl weite (18 Mm.) als enge (10 Mm.) Röhren verwandt.

Die angegebene Zeit ist diejenige, welche verfloss vom Moment an, wo der grosse Glascylinder gesenkt wurde, bis zur letzten Ablesung resp. der letzten Controlirung.

Jedes Gasquantum wurde nur einmal abgelesen, aber mit blossem Auge die Ablesungen controlirt. Analysirt wurde unter sehr verschiedenen Umständen. Um zunächst möglichst eng an die ältere Methode anzuschliessen, wurde bei den ersten Reihen gegen ein Schwefelsäurebarometer abgelesen und bei der Berechnung die Wasserdampftension wie stets früher berücksichtigt. Bei der letzten grossen Reihe wurde ein Wasserbarometer verwandt. Das Gas wurde 1) über einem Quecksilber-, 2) über einem Wasser-, 3) über einem Kalilaugemeniscus gemessen. Die Kalilauge war 1 procentig. Die Meniscushöhen wurden nicht mit bestimmt.

Die Zahlen sind Cubikcentimeter.

1. Gas, über einem Wassermeniscus gemessen. Schwefelsäurebarometer. Dauer 35 Minuten.

	weites Rohr	enges Rohr
Sauerstoff + Stickstoff	86,698	25,770
Nach Wasserstoffzusatz	137,090	38,840
Verpufft	82,600	22,673
Sauerstoff in pCt.	20,95	20,91

2. Gas, über einem Quecksilbermeniscus gemessen. Schwefelsäurebarometer. Dauer 40 Minuten.

	weites Rohr	enges Rohr
Sauerstoff + Stickstoff	80,620	27,034
Nach Wasserstoffzusatz	135,830	40,105
Verpufft	85,244	23,237
Sauerstoff in pCt.	20,91	20,80

3. Gas, über einem Quecksilbermeniscus gemessen. Schwefelsäurebarometer. Dauer 45 Minuten.

	weites Rohr	weites Rohr
Sauerstoff + Stickstoff	79,33	83,59
Nach Wasserstoffzusatz	146,00	153,91
Verpufft	96,20	101,40
Sauerstoff in pCt.	20,92	20,97

4. Gas, über dem Meniscus einer 1 proc. Kalilauge gemessen. Wasserbarometer. Dauer 65 Minuten.

	weit. Rohr	weit. Rohr	weit. Rohr	eng. Rohr	eng. Rohr
Sauerstoff + Stickstoff	95,362	86,584	87,930	28,158	26,758
Nach Wasserstoffzusatz	167,080	157,860	155,250	47,882	46,344
Verpufft	107,100	103,380	99,924	30,410	29,557
Sauerstoff in pCt.	20,96	20,97	20,97	20,68	20,91

Der Werth 20,68 ist nicht sicher, wie unten gezeigt werden wird.

Untersucht man die sämmtlichen mitgetheilten Luft- und Knallgasanalysen in Hinsicht auf die oben erörterten Fragen, so ergiebt sich zunächst, dass jene Folgerungen, die aus den früher mitgetheilten Versuchen sich ergeben hatten, wieder bestätigt wurden. Selbst nach mehrfachen Verpuffungen bleibt das Gas nicht mit Wasserdampf gesättigt. Theilweis erscheinen die Differenzen sogar bedeutender, als in den früher mitgetheilten Versuchen (4. Reihe). Vermuthlich ist der Grund der, dass hier andere, schwerer diffundirende Gase verwandt wurden. Eine auffallende Thatsache, die sehr anschaulich die Verhältnisse der Wasserdampftension erläutert, tritt hervor: das ist die trotz aller Ungleichheit der Tension stets sich manifestirende Uebereinstimmung der Analysen. In der 4. Reihe z. B. stimmen die Resultate ausgezeichnet, und doch herrschte in einem Eudiometer fast volle Wasserdampftension, im anderen ging sie relativ stark herunter. Die Erklärung ist offenbar, dass bei jeder Analyse während der ganzen Dauer des Versuchs genau derselbe Fehler bestehen blieb, dass mit anderen Worten der physikalische Zustand der Glaswand, d. h. also ihr Wasserüberzug constant war. Es hat sich demnach auch nach der ersten Explosion der frühere Zustand wieder hergestellt. Eventuell scheint dies ziemlich schnell zu geschehen, denn in der 3. Reihe, bei welcher direct nach der Verpuffung abgelesen wurde, stimmen die Resultate auch noch sehr gut. Erst die zweite Benetzung (nach der Knallgasexplosion) brachte dann eine Verdichtung des Wasserbeschlags zu Wege, welche hinreicht, nachweisbare analytische Fehler zu bewirken. Aus dieser Betrachtung kann man wohl folgern, dass falls eine direct nach der Explosion stattfindende Ablesung schlecht stimmende Werthe ergiebt, man gut thut, nach 24 Stunden noch eine Ablesung hinzuzufügen; denn um diese Zeit hat man mehr Chancen, die Glaswand in dem Wasserbeschlage, den sie vor der Verpuffung besass, anzutreffen.

Aus diesen Deductionen ergeben sich einige interessante Schlüsse:

1. Eine unter Wasserdampftension angestellte Bestimmung ist nur dann ganz zuverlässig, wenn sie durch mindestens eine Controlanalyse bestätigt wird. Will man nur die procentische Zusammensetzung eines Gasgemisches kennen lernen, so ist die Normalanalyse kaum nöthig (s. die 12. Reihe).

2. Sobald es sich darum handelt nicht nur die procentische Zusammensetzung eines Gases kennen zu lernen, sondern auch die absolute Menge desselben zu bestimmen, ist die unter Wasserdampftension angestellte Analyse nicht mehr ganz zuverlässig, sie ist im Allgemeinen um so fehlerhafter, je weiter sie sich von den oben präcisirten Regeln entfernt.

3. Das Heruntergehen der Wasserdampftension kann auch bei Ermittelung der procentischen Zusammensetzung eines Gasgemisches einen Fehler hervorbringen, wenn bei der Analyse von der Wasserdampftension zu irgend einer anderen (Lauge- oder Säuretension) übergegangen wird (Kohlensäureabsorption durch concentrirte Lauge).

4. Nach jeder Richtung einwandfrei ist nur die Analyse trockener Gase.

Eine solche Trockengasanalyse ist allerdings ziemlich umständlich; aber sie ist auch ausserordentlich zuverlässig. Speciell das Arbeiten mit concentrirter Schwefelsäure habe ich nach einiger Uebung für leicht ausführbar gefunden. Sie sammelt sich nach etwa 24 Stunden stets sehr vollständig, sie bildet sehr constante Menisken und bleibt bei guter Vorbereitung des Versuchs ganz klar und farblos.

Die Zeit, in welcher ein Gasquantum im Eudiometer getrocknet wird, variirt ausserordentlich. Ist der Druck gering (5. Reihe), so trocknet die Schwefelsäure sicher in 24 Stunden. Ist der Druck bedeutender, handelt es sich um schwerer diffundirende Gase, oder wird in engen Röhren analysirt (8. Reihe), so dauert es mehrere Tage. Trockenes Aussehen des Eudiometers beweist noch nicht die Vollendung der Wasserabsorption. Lässt man Schwefelsäure in ein nasses Rohr aufsteigen, so beachte man, dass sie sich ordentlich mit dem bereits auf dem Meniscus befindlichen Wasser mischt.

Ich habe noch auf eine sehr eigenthümliche Erscheinung zurückzukommen, die bereits mehrfach erwähnt ist: Comprimirt man ein unter Wasserdampf stehendes Gas und liest sofort ab, so erhält man meist ein kleineres Quantum, als man erwarten sollte (S. 76 u. f.)

Macht man dasselbe Experiment mit über Schwefelsäure getrockneten Gasen, so erhält man das Deficit nicht (5. Reihe der Luftbestimmungen).

Man könnte zunächst vermuthen, dass vielleicht die Verschiebung des Barometermeniscus die Schuld habe, denn je kleiner der Raum im Barometer wird, desto grösser wird sein Fehler. Aber auch wenn ich diesen Punkt berücksichtigte und den Barometermeniscus an die alte Stelle brachte, blieb das Deficit. Es ist also klar, dass die Erscheinung irgendwie mit der Wasserdampftension in Verbindung zu bringen ist. Vielleicht ist folgendes die Erklärung:

Auf dem Quecksilbermeniscus befindet sich in einem gut befeuchteten Eudiometer stets eine kleine Flüssigkeitsschicht und die Wände dicht über dem Meniscus sind dicht mit Wasser überzogen, während, nach dem Augenschein zu urtheilen, die oberen Theile der Wand nur einen dünnen Beschlag haben. Hebt man nun den Meniscus, so bleibt zunächst ein Theil der Flüssigkeit, die auf dem Meniscus lag, zwischen Quecksilber und Glaswand hängen, der Meniscus wird freier. Nun aber verdichtet erstens der trockene Quecksilbermeniscus ebenso wie die Glaswand den Wasserdampf, worauf bereits Herwig*) auf-

---

*) H. Herwig, Untersuchungen über das Verhalten der Dämpfe gegen das Mariotte'sche und Gay Lussac'sche Gesetz. Annal. d. Phys. u. Chem., Bd. 137, 1869, S. 604.

merksam gemacht hat, und zweitens treibt man das Gas in einem schlechter befeuchteten Raum. Die ungünstige Einwirkung beider Momente übertrifft bei den Graden der Compression, die ich anwenden konnte, ihren günstigen Einfluss.

Jedenfalls folgt aus diesen Versuchen, dass man besser thut, die starken Druckwechsel bei Anstellung der Normalanalysen zu vermeiden.

Es sind dann noch einige Bemerkungen hinzuzufügen über die Resultate der Analysen, die mit geringen Gasmengen angestellt sind, Analysen, die namentlich im Hinblick auf die eventuelle Schärfe der Blutgasanalyse bei Verwendung geringer Blutmengen interessant sind. Sie sind unter sehr verschiedenen Bedingungen angestellt: Das Gas ist über Wasser- und Lauge- sowie Quecksilbermenisken feucht, über Schwefelsäuremenisken trocken gemessen. Die Resultate sind in folgender Tabelle zusammengestellt:

Angewandtes Luftquantum.	Sauerstoff.	
1,3184 Ccm.	20,57 pCt.	†
1,4577 „	20,94 „	
1,6744 „	20,12 „	†
1,6880 „	20,29 „	†
1,3640 „	20,77 „	
2,3576 „	20,31 „	†
2,4920 „	20,82 „	
2,0840 „	20,68 „	
1,9240 „	20,66 „	
1,2699 „	20,69 „	
1,5963 „	20,85 „	
1,3815 „	20,69 „	
2,6336 „	20,74 „	
1,7832 „	20,67 „	
1,4884 „	20,49 „	
1,5883 „	20.94 „	

Die mit einem † versehenen Analysen sind sämmtlich in einem und demselben Eudiometer angestellt, zu den übrigen Bestimmungen ist es dann nicht mehr verwandt worden. Dagegen ist der einzige abnorme niedrige Werth in der 12. Reihe (20,69 pCt.) in demselben Eudiometer erzielt. Es war demnach gegenüber den übrigen Analysenresultaten klar, dass dieses Eudiometer einen Fehler haben musste, denn es glückte nie eine so scharfe Analyse zu erhalten, wie sonst, und der Fehler schlug immer nach derselben Richtung hin aus. Bei genauerem Zusehen fand sich eine an den Platindrähten beginnende und etwa 20 Cm. weit laufende Schramme im Glase. Als das Eudiometer calibrirt wurde, war sie noch nicht bemerkt. Bunsen macht darauf aufmerksam, dass derartige Schrammen in der That Calibrirfehler hervorrufen können. Ich führe die Zahlen namentlich deshalb an, um darauf aufmerksam zu machen, dass man gut thut, Eudiometer, die man zu feinen gasanalytischen Bestimmungen verwenden will, durch Normalluftanalysen zu prüfen. Aus der Betrachtung über die Schärfe der angewandten Methode kann man diese Zahlen nach dem Gesagten ausscheiden.

So geringe Quantitäten Sauerstoff, wie bei diesen Bestimmungen, kommen bei den Blutgasanalysen, selbst wenn man nur 5 Ccm. Blut auspumpt, kaum je vor. Durchschnittlich ist in 5 Ccm. Blut je 1 Ccm. Sauerstoff enthalten. Die Blutgasanalyse würde also genauer ausfallen, als die mitgetheilten Experimente. Man wird also mit 5 bis 10 Ccm. Blut in der That eine hinreichend scharfe Analyse anstellen können. Da übrigens bei diesen Analysen stets unter sehr geringem Druck gearbeitet wird, so ist die Wahrscheinlichkeit, mit Wasserdampf gesättigte Gase zu erhalten, eine sehr grosse. Eventuell kann man auch mit concentrirter Kalilauge die Blutkohlensäure absorbiren und dann unter Laugenspannung die Analyse zu Ende führen. Weitere Mittheilungen über die Methoden, geringe Gasquantitäten mit noch grösserer Schärfe zu analysiren, behalte ich mir vor.

Zum Schluss habe ich noch auf das Resultat der 12. Reihe einzugehen. Es hat sich gezeigt, dass sobald man grössere Luftmengen auch mit nur einmaligen Ablesungen analysirt, dann unter den verschiedensten Bedingungen mit grosser Schnelligkeit ausgezeichnet übereinstimmende Resultate erreicht werden. Die mit geringeren Luftmengen (30 Ccm.) in engeren Eudiometern angestellten Analysen zeigen auch noch keine bedeutenden Fehler (0,1 pCt. etwa), wenn man von dem Werth 20,69 absieht, über den so eben gesprochen. Für viele Zwecke wird ja diese Genauigkeit genügen. Will man schärfere Daten mit geringeren Gasquantitäten erhalten, so bietet hierzu die Normalbestimmung nach den oben auseinandergesetzten Principien die Mittel.

Den Herren Geh.-Rath Leyden, Geh.-Rath Virchow und Prof. Salkowski spreche ich hiermit für die Liberalität, mit welcher sie mir die Mittel ihrer Institute für meine Arbeit zur Verfügung stellten, meinen wärmsten Dank aus.

Anhang.

Tafeln zur Berechnung der Analysen.

Tabelle I.

Tafel der factischen Correctionswerthe des Quecksilbermeniscus für Calibrirtabellen, die auf nasse Quecksilbermenisken bezogen sind.

Die Zahlen sind Zehntel-Mm. Die factischen Correctionswerthe der benetzten Menisken = 10 (Durchm. d. Röhre 180), 11 (Durchm. d. R. 140), 13 (Durchm. d. R. 100).

Höhe des Meniscus.	Röhre vom Durchmesser 180	140	100	Additionalzahl für die Calibrirtab. in allen Röhren gleich.
18	11	—	—	0
15	10	11	12	1
12	9	10	11	2
10	8	9	10	3
7	7	8	9	4
4	6	7	8	5

Tabelle II.

Einfache Correctionswerthe.

Die Zahlen sind Zehntel-Mm. Die kleinen Zahlen bedeuten die Höhen der Menisken. * bedeutet, dass die Zahl aus einer etwas grösseren durch Abkürzung entstanden ist.

Substanz.	Specif. Gew.	Durchmesser der Röhre 180		140		100	
Wasser	1,00	10*	38*	10*	35*	10	32
Kalilauge	1,01	11	39	11*	35*	10	33
Kalilauge	1,09	9*	37*	9*	34	10*	31
Kalilauge	1,09	8*	35	7	29	9	28
Kalilauge	1,09	7*	31*	6	27	—	
Kalilauge	1,45	7	33	10*	32	11	30*
Schwefels. Kali	1,07	10	38*	11	35	10	32
Schwefelsäure	1,84	3*	27	4*	25*	8	25

Substanz.	Specif. Gew.	Durchmesser der Röhre 180	140	100
Alc. absol.	0,79	4 ^{25*}	6 ^{25}	6* ^{24*}
Natronlauge	1,09	10 ^{37}	9* ^{35}	11 ^{31}

Tabelle III.

Tafel der factischen Correctionswerthe für Calibrirtabellen, die auf benetzte Quecksilbermenisken bezogen sind.

Die Zahlen sind Zehntel-Mm. Die kleinen Zahlen bedeuten die Höhen der Menisken.
* bedeutet, dass die Zahl aus einer etwas grösseren durch Abkürzung entstanden ist.

Substanz.	Specif. Gew.	Durchmesser der Röhre 180	140	100
Wasser	1,00	—5* ^{38*}	—5* ^{35*}	—3* ^{32}
Kalilauge	1,01	—6 ^{39}	—6 ^{35*}	—3* ^{32}
Kalilauge	1,09	—4* ^{37*}	—4 ^{34}	—4 ^{31}
Kalilauge	1,09	—3* ^{35}	—2 ^{29}	—3 ^{28}
Kalilauge	1,09	—2* ^{31*}	—1 ^{27}	—
Kalilauge	1,45	—2 ^{33}	—5 ^{32}	—4 ^{30*}
Schwefels.Kali	1,07	—5 ^{38*}	—6 ^{35}	—4 ^{32}
Schwefelsäure	1,84	+2 ^{27}	+1 ^{25}	—1 ^{25}
Alc. absol.	0,79	+1 ^{25*}	+1 ^{25}	0 ^{24*}
Natronlauge	1,09	—5 ^{37}	—4* ^{35}	—4 ^{31}

Tabelle IV.

Grösse der Capillardepression des Quecksilbers in Röhren von 8 bis 13 Mm. Durchmesser für die Meniscushöhen 0,6—1,8 Mm. nach Beobachtungen von Mendelejeff und Gutkowski (interpolirt von Kohlrausch, Leitfaden d. prakt. Physik, S. 290, 1877).

Die Zahlen sind Zehntel-Mm.

Durchmesser der Röhre.	Höhe des Meniscus 6.	8.	10.	12.	14.	16.	18.
	Capillardepression						
80	2	3	4	5	6	7	8
90	2	2	3	3	4	5	5
100	—	2	2	3	3	3	4
110	—	1	1	2	2	2	3
120	—	1	1	1	2	2	2
130	—	—	1	1	1	1	1

Tabelle V.

Reduction eines Gasvolumens auf 0° C. und 760 Mm. Druck.

Werthe von $\log \dfrac{Qt\ 1000}{760\,(1+0{,}00367)\,t}$ (s. S. 58).

Durch Multiplication mit dem Factor Qt wird die bei t° C. abgelesene Quecksilbersäule auf ihre Länge bei 0° C. reducirt.

t	log	t	log	t	log	t	log	t	log	t	log	t	log
°	0,	°	0,	°	0,	°	0,	°	0,	°	0,	°	0,
10,1	10264	12,4	09894	14,7	09528	17,0	09165	19,3	08804	21,6	08446	23,9	08091
	10256		09886		09520		09157		08796		08438		08083
10,2	10248	12,5	09878	14,8	09512	17,1	09149	19,4	08788	21,7	08430	24,0	08075
	10240		09870		09504		09142		08780		08423		08067
10,3	10232	12,6	09862	14,9	09496	17,2	09134	19,5	08772	21,8	08415	24,1	08059
	10224		09854		09488		09126		08765		08408		08052
10,4	10216	12,7	09846	15,0	09480	17,3	09118	19,6	08757	21,9	08400	24,2	08044
	10208		09838		09472		09110		08749		08392		08037
10,5	10200	12,8	09830	15,1	09464	17,4	09102	19,7	08741	22,0	08384	24,3	08029
	10192		09822		09457		09094		08733		08376		08021
10,6	10184	12 9	09814	15,2	09449	17,5	09086	19,8	08725	22,1	08368	24,4	08013
	10175		09806		09441		09079		08718		08361		08006
10,7	10167	13,0	09798	15,3	09433	17,6	09071	19,9	08710	22,2	08353	24,5	07998
	10159		09790		09425		09063		08702		08346		07990
10,8	10151	13,1	09782	15,4	09417	17,7	09055	20,0	08694	22,3	08338	24,6	07982
	10143		09774		09409		09047		08687		08330		07975
10,9	10135	13,2	09766	15,5	09401	17,8	09039	20,1	08679	22,4	08322	24,7	07967
	10127		09758		09394		09032		08671		08314		07960
11,0	10119	13,3	09750	15,6	09386	17,9	09024	20,2	08663	22,5	08306	24,8	07952
	10111		09742		09378		09016		08656		08298		07944
11,1	10103	13,4	09734	15,7	09370	18,0	09008	20,3	08648	22,6	08290	24,9	07936
	10095		09727		09362		09000		08640		08283		07929
11,2	10087	13,5	09719	15,8	09354	18,1	08992	20,4	08632	22,7	08275	25,0	07921
	10079		09711		09347		08984		08625		08268		07914
11,3	10071	13,6	09703	15,9	09339	18,2	08976	20,5	08617	22,8	08260	25,1	07906
	10063		09695		09331		08968		08609		08252		07899
11,4	10055	13,7	09687	16,0	09323	18,3	08961	20,6	08601	22,9	08244	25,2	07891
	10046		09679		09315		08953		08594		08237		07883
11,5	10038	13,8	09671	16,1	09307	18,4	08945	20,7	08586	23,0	08229	25,3	07875
	10030		09663		09299		08937		08578		08221		07867
11,6	10022	13,9	09655	16,2	09291	18,5	08929	20,8	08570	23,1	08213	25,4	07859
	10014		09647		09284		08921		08563		08206		07852
11,7	10006	14,0	09639	16,3	09276	18,6	08913	20,9	08555	23,2	08198	25,5	07844
	09998		09631		09268		08905		08547		08191		07836
11,8	09990	14,1	09623	16,4	09260	18,7	08897	21,0	08539	23,3	08183	25,6	07829
	09982		09615		09252		08890		08532		08175		07822
11,9	09974	14,2	09607	16,5	09244	18,8	08882	21,1	08524	23,4	08167	25,7	07814
	09966		09599		09236		08875		08516		08160		07806
12,0	09958	14,3	09591	16,6	09228	18,9	08867	21,2	08508	23,5	08152	25,8	07798
	09950		09583		09220		08859		08500		08145		07791
12,1	09942	14,4	09575	16,7	09212	19,0	08851	21,3	08492	23,6	08137	25,9	07783
	09934		09567		09205		08843		08485		08129		
12,2	09926	14,5	09559	16,8	09197	19,1	08835	21,4	08477	23,7	08121		
	09918		09552		09189		08828		08469		08114		
12,3	09910	14,6	09544	16,9	09181	19,2	08820	21,5	08461	23,8	08106		
	09902		09536		09173		08812		08454		08099		

Tabelle

Umrechnung des Druckes von Flüs-

In jeder Querreihe sind die Höhen der Flüssigkeits-

Quecksilber spec. Gew. 13,56.	0,70.	0,75	0,80.	0,85	0,90.	0,95.	1,00	1,05	1,10.	1,15.	1,20.	1,25.
1.	19	18	17	16	15	14	14	13	12	12	11	11
	29	27	25	24	22	21	21	19	18	18	17	16
2.	39	36	34	32	30	29	27	26	25	24	23	22
	49	45	42	40	37	36	34	32	31	30	29	27
3.	58	54	51	48	45	43	41	39	37	35	34	33
	68	63	59	56	52	50	48	45	43	41	40	38
4.	77	72	68	64	60	57	54	52	49	47	45	43
	87	81	76	72	67	64	61	58	55	53	51	48
5.	97	90	85	80	75	71	68	65	62	59	57	54
	107	99	93	88	82	78	75	71	68	65	63	59
6.	116	108	102	96	90	86	81	78	74	71	68	65
	126	117	110	104	97	93	88	84	80	77	74	70
7.	135	127	119	112	105	100	95	90	86	83	79	76
	145	136	127	120	112	107	102	96	92	89	85	81
8.	155	145	136	128	120	114	109	103	99	94	90	87
	165	154	144	136	127	121	116	109	105	100	96	92
9.	174	163	153	144	136	128	122	116	111	106	102	98
	184	172	161	152	143	135	129	122	117	112	108	103
10.	193	181	170	160	151	143	136	129	123	118	113	109
	203	190	178	168	158	150	143	135	129	124	119	114
11.	213	199	187	176	166	157	149	142	136	130	124	119
	223	208	195	184	173	164	156	148	142	136	130	124
12.	232	217	203	191	181	171	163	155	148	141	136	130
	242	226	211	199	188	178	170	161	154	147	142	135
13.	251	235	220	207	196	186	176	168	160	153	147	141
	261	244	228	215	203	193	183	174	166	159	153	146
14.	271	253	237	223	211	200	190	181	172	165	158	152
	280	262	245	231	218	207	197	187	178	171	164	157
15.	290	271	254	239	226	214	203	194	185	177	170	163
	300	280	262	247	233	221	210	200	191	183	176	168
16.	309	289	271	255	241	228	217	207	197	189	181	174
	319	298	279	263	248	235	224	213	203	195	187	179
17.	329	307	288	271	256	243	230	220	209	200	192	184
	339	316	296	279	263	250	237	226	215	206	198	189
18.	348	325	305	287	271	257	244	233	222	212	203	195
	358	334	313	295	278	264	251	239	228	218	209	200
19.	367	343	322	303	286	271	258	246	234	224	215	206
	378	352	330	311	293	278	265	251	240	230	221	211
20.	389	362	339	319	301	285	271	259	246	236	226	217

VI.

sigkeitssäulen in Quecksilberdruck.

säulen angegeben, die gleichen Druck ausüben.

1,30.	1,35	1.40.	1,45.	1,50.	1,55.	1,60.	1,65.	1,70.	1,75.	1,80	1,85.	1,90	Quecksilb spec Gew. 13,56.
10	10	10	9	9	9	8	8	8	8	8	7	7	1.
15	15	15	14	14	14	12	12	12	12	12	11	11	
21	20	19	19	18	18	17	16	16	16	15	15	14	2.
26	25	24	24	23	22	21	20	20	20	19	19	18	
31	30	29	28	27	26	25	25	24	23	23	22	21	3.
36	35	34	33	32	30	29	29	28	27	27	26	25	
42	40	39	37	36	35	34	33	32	31	30	29	29	4.
46	45	44	42	41	39	38	37	36	35	34	33	33	
52	50	48	47	45	44	42	41	40	39	38	37	36	5.
57	55	53	52	50	48	46	45	44	43	42	41	40	
63	60	58	56	54	53	51	49	48	47	45	44	43	6.
67	65	63	61	59	57	55	53	52	51	49	48	47	
73	70	68	65	63	61	59	58	56	54	53	51	50	7.
77	75	73	70	68	65	63	62	60	58	57	55	54	
83	80	78	75	72	70	68	66	64	62	60	59	57	8.
88	85	83	80	77	74	72	70	68	66	64	63	61	
94	90	87	84	81	79	76	74	72	70	68	66	64	9.
99	95	92	89	86	83	80	78	76	74	72	70	68	
104	100	97	94	90	88	85	82	80	78	75	73	71	10.
109	105	102	99	95	92	89	86	84	82	79	77	75	
115	110	107	103	99	96	93	90	88	85	83	81	79	11.
120	115	112	108	104	100	97	94	92	89	87	85	83	
125	120	116	112	108	105	102	99	96	93	90	88	86	12.
130	125	121	117	113	109	106	103	100	97	94	92	90	
136	131	126	122	117	114	110	107	104	101	98	95	93	13.
141	135	131	127	122	118	114	111	108	105	102	99	97	
146	141	136	131	126	123	119	115	112	109	105	103	100	14.
151	145	141	136	131	127	123	119	116	113	109	107	104	
156	151	145	140	135	131	127	123	120	116	113	110	107	15.
161	155	150	145	140	135	131	127	124	120	117	114	111	
167	161	155	150	144	140	136	132	128	124	120	117	114	16.
172	165	160	155	149	144	140	136	132	128	124	121	118	
177	171	165	159	153	149	144	140	135	132	128	125	121	17.
182	175	170	164	158	153	148	144	139	136	132	129	125	
188	181	174	168	162	158	153	148	143	140	136	132	129	18.
193	185	179	173	167	162	157	152	147	144	140	136	133	
198	191	184	178	171	166	161	156	151	147	143	139	136	19.
203	195	189	183	176	170	165	160	155	151	147	143	140	
209	201	194	187	180	175	170	164	159	155	151	147	143	20.

Erklärung der Tafel.

Die Tafel stellt den zur Gasanalyse verwendeten Apparat dar. Zwei Eudiometer hängen an den Speichen des Rades R; das eine befindet sich zur Ablesung eingestellt vor dem Barometer.

Das linke Gestell.

O und O_1 Räder, über welche läuft

d_1 eine Schnur mit Balancirgewicht, zum anderen Gestell gehend, läuft dort um das Rad R. (S. 40.)

U_1 Rad, über welches läuft

u ein Drahtseil, an welchem die Glaskugel G am rechten Gestell hängt. (S. 42.)

Das rechte Gestell.

D D_1 Drahtseil mit Balancirgewicht für den grossen Glascylinder; sie laufen über

x x_1 z z_1 vier Räder, eingelassen in das Querstück des Gestelles. (S. 37.)

B Ring, in dem der Glascylinder hängt. (S. 37.)

R Horizontal liegendes Rad mit 5 Speichen, ist vermittelst Conus in das Querstück des Gestelles befestigt; an seinen Speichen hängen zwei Eudiometer. (S. 38.)

[A] [B] [C] [D] [E] Eiserne Röhren, durch welche die Schnüre laufen, an denen die Eudiometer hängen. (S. 45.)

d Schnur mit Balancirgewicht, läuft um das Rad R; Gegenbalance zu d_1. (S. 39.)

G Beleuchtungskugel. (S. 11 u. 42.)

U Senkrecht stehendes Rad, über welches das Drahtseil u läuft. (S. 42.)

sl Schlauch, welcher von der Wasserleitung zur Quecksilberwanne führt. (S. 44.)

gl Glaskugel mit Röhre, in welche die in die Eudiometer zu injicirenden Flüssigkeiten gethan werden. (S. 43).

F Füllkugel mit Schlauch zur Regulirung des Quecksilberniveaus in der Wanne. (S. 44.)

e Eiserne Röhre, oben offen, unten geschlossen, eingelassen in den Boden der Quecksilberwanne. (S. 53).

A Quecksilberwanne. (S. 36.)

I II III Flaschen des Wasserstoff-Entwickelungsapparates. (S. 48.)

i Gabelung des vom Wasserstoff-Entwickelungsapparat zur Quecksilberwanne laufenden Schlauches. (S. 49.)

Auszug, enthaltend die wichtigsten Tabellen zur Berechnung der Analysen.

Zum Handgebrauch.

Tabelle III.

Tafel der factischen Correctionswerthe für Calibrirtabellen, die auf benetzte Quecksilbermenisken bezogen sind.

Die Zahlen sind Zehntel-Mm. Die kleinen Zahlen bedeuten die Höhen der Menisken.
* bedeutet, dass die Zahl aus einer etwas grösseren durch Abkürzung entstanden ist.

Substanz.	Specif. Gew.	Durchmesser der Röhre					
		180		140		100	
Wasser	1,00	−5*	38*	−5*	35*	−3*	32
Kalilauge	1,01	−6	39	−6	35*	−3*	32
Kalilauge	1,09	−4*	37*	−4	34	−4	31
Kalilauge	1,09	−3*	35	−2	29	−3	28
Kalilauge	1,09	−2*	31*	−1	27	—	
Kalilauge	1,45	−2	33	−5	32	−4	30*
Schwefels. Kali	1,07	−5	38*	−6	35	−4	32
Schwefelsäure	1,84	+2	27	+1	25	−1	25
Alc. absol.	0,79	+1	25*	+1	25	0	24*
Natronlauge	1,09	−5	37	−4*	35	−4	31

Tabelle IV.

Grösse der Capillardepression des Quecksilbers in Röhren von 8 bis 13 Mm. Durchmesser für die Meniscushöhen 0,6—1,8 Mm. nach Beobachtungen von Mendelejeff und Gutkowski (interpolirt von Kohlrausch, Leitfaden d. prakt. Physik, S. 290, 1877).

Die Zahlen sind Zehntel-Mm.

Durchmesser der Röhre.	Höhe des Meniscus						
	6.	8.	10.	12.	14.	16.	18.
	Capillardepression						
80	2	3	4	5	6	7	8
90	2	2	3	3	4	5	5
100	—	2	2	3	3	3	4
110	—	1	1	2	2	2	3
120	—	1	1	1	2	2	2
130	—	—	1	1	1	1	1

Tabelle

Umrechnung des Druckes von Flüs-

In jeder Querreihe sind die Höhen der Flüssigkeits-

Quecksilber spec. Gew. 13,56.	0,70.	0,75.	0,80.	0,85.	0,90.	0,95.	1,00.	1,05.	1,10.	1,15.	1,20.	1,25.
1.	19	18	17	16	15	14	14	13	12	12	11	11
	29	27	25	24	22	21	21	19	18	18	17	16
2.	39	36	34	32	30	29	27	26	25	24	23	22
	49	45	42	40	37	36	34	32	31	30	29	27
3.	58	54	51	48	45	43	41	39	37	35	34	33
	68	63	59	56	52	50	48	45	43	41	40	38
4.	77	72	68	64	60	57	54	52	49	47	45	43
	87	81	76	72	67	64	61	58	55	53	51	48
5.	97	90	85	80	75	71	68	65	62	59	57	54
	107	99	93	88	82	78	75	71	68	65	63	59
6.	116	108	102	96	90	86	81	78	74	71	68	65
	126	117	110	104	97	93	88	84	80	77	74	70
7.	135	127	119	112	105	100	95	90	86	83	79	76
	145	136	127	120	112	107	102	96	92	89	85	81
8.	155	145	136	128	120	114	109	103	99	94	90	87
	165	154	144	136	127	121	116	109	105	100	96	92
9.	174	163	153	144	136	128	122	116	111	106	102	98
	184	172	161	152	143	135	129	122	117	112	108	103
10.	193	181	170	160	151	143	136	129	123	118	113	109
	203	190	178	168	158	150	143	135	129	124	119	114
11.	213	199	187	176	166	157	149	142	136	130	124	119
	223	208	195	184	173	164	156	148	142	136	130	124
12.	232	217	203	191	181	171	163	155	148	141	136	130
	242	226	211	199	188	178	170	161	154	147	142	135
13.	251	235	220	207	196	186	176	168	160	153	147	141
	261	244	228	215	203	193	183	174	166	159	153	146
14.	271	253	237	223	211	200	190	181	172	165	158	152
	280	262	245	231	218	207	197	187	178	171	164	157
15.	290	271	254	239	226	214	203	194	185	177	170	163
	300	280	262	247	233	221	210	200	191	183	176	168
16.	309	289	271	255	241	228	217	207	197	189	181	174
	319	298	279	263	248	235	224	213	203	195	187	179
17.	329	307	288	271	256	243	230	220	209	200	192	184
	339	316	296	279	263	250	237	226	215	206	198	189
18.	348	325	305	287	271	257	244	233	222	212	203	195
	358	334	313	295	278	264	251	239	228	218	209	200
19.	367	343	322	303	286	271	258	246	234	224	215	206
	378	352	330	311	293	278	265	251	240	230	221	211
20.	389	362	339	319	301	285	271	259	246	236	226	217

VI.

sigkeitssäulen in Quecksilberdruck.

säulen angegeben, die gleichen Druck ausüben.

1,30.	1,35.	1,40.	1,45.	1,50.	1,55.	1,60.	1,65.	1,70.	1,75.	1,80.	1,85.	1,90.	Quecksilb spec. Gew. 13,56.
10	10	10	9	9	9	8	8	8	8	8	7	7	1.
15	15	15	14	14	14	12	12	12	12	12	11	11	
21	20	19	19	18	18	17	16	16	16	15	15	14	2.
26	25	24	24	23	22	21	20	20	20	19	19	18	
31	30	29	28	27	26	25	25	24	23	23	22	21	3.
36	35	34	33	32	30	29	29	28	27	27	26	25	
42	40	39	37	36	35	34	33	32	31	30	29	29	4.
46	45	44	42	41	39	38	37	36	35	34	33	33	
52	50	48	47	45	44	42	41	40	39	38	37	36	5.
57	55	53	52	50	48	46	45	44	43	42	41	40	
63	60	58	56	54	53	51	49	48	47	45	44	43	6.
67	65	63	61	59	57	55	53	52	51	49	48	47	
73	70	68	65	63	61	59	58	56	54	53	51	50	7.
77	75	73	70	68	65	63	62	60	58	57	55	54	
83	80	78	75	72	70	68	66	64	62	60	59	57	8.
88	85	83	80	77	74	72	70	68	66	64	63	61	
94	90	87	84	81	79	76	74	72	70	68	66	64	9.
99	95	92	89	86	83	80	78	76	74	72	70	68	
104	100	97	94	90	88	85	82	80	78	75	73	71	10.
109	105	102	99	95	92	89	86	84	82	79	77	75	
115	110	107	103	99	96	93	90	88	85	83	81	79	11.
120	115	112	108	104	100	97	94	92	89	87	85	83	
125	120	116	112	108	105	102	99	96	93	90	88	86	12.
130	125	121	117	113	109	106	103	100	97	94	92	90	
136	131	126	122	117	114	110	107	104	101	98	95	93	13.
141	135	131	127	122	118	114	111	108	105	102	99	97	
146	141	136	131	126	123	119	115	112	109	105	103	100	14.
151	145	141	136	131	127	123	119	116	113	109	107	104	
156	151	145	140	135	131	127	123	120	116	113	110	107	15.
161	155	150	145	140	135	131	127	124	120	117	114	111	
167	161	155	150	144	140	136	132	128	124	120	117	114	16.
172	165	160	155	149	144	140	136	132	128	124	121	118	
177	171	165	159	153	149	144	140	135	132	128	125	121	17.
182	175	170	164	158	153	148	144	139	136	132	129	125	
188	181	174	168	162	158	153	148	143	140	136	132	129	18.
193	185	179	173	167	162	157	152	147	144	140	136	133	
198	191	184	178	171	166	161	156	151	147	143	139	136	19.
203	195	189	183	176	170	165	160	155	151	147	143	140	
209	201	194	187	180	175	170	164	159	155	151	147	143	20.

Tabelle V.

Reduction eines Gasvolumens auf 0° C. und 760 Mm. Druck.

Werthe von $\log \dfrac{Qt\ 1000}{760\,(1 + 0{,}00367)\,t}$ (s. S. 58).

Durch Multiplication mit dem Factor Qt wird die bei t° C. abgelesene Quecksilbersäule auf ihre Länge bei 0° C. reducirt.

t	log	t	log	t	log	t	log	t	log	t	log	t	log
°	0,	°	0,	°	0,	°	0,	°	0,	°	0,	°	0,
10,1	10264	12,4	09894	14,7	09528	17,0	09165	19,3	08804	21,6	08446	23,9	08091
	10256		09886		09520		09157		08796		08438		08083
10,2	10248	12,5	09878	14,8	09512	17,1	09149	19,4	08788	21,7	08430	24,0	08075
	10240		09870		09504		09142		08780		08423		08067
10,3	10232	12,6	09862	14,9	09496	17,2	09134	19,5	08772	21,8	08415	24,1	08059
	10224		09854		09488		09126		08765		08408		08052
10,4	10216	12,7	09846	15,0	09480	17,3	09118	19,6	08757	21,9	08400	24,2	08044
	10208		09838		09472		09110		08749		08392		08037
10,5	10200	12,8	09830	15,1	09464	17,4	09102	19,7	08741	22,0	08384	24,3	08029
	10192		09822		09457		09094		08733		08376		08021
10,6	10184	12,9	09814	15,2	09449	17,5	09086	19,8	08725	22,1	08368	24,4	08013
	10175		09806		09441		09079		08718		08361		08006
10,7	10167	13,0	09798	15,3	09433	17,6	09071	19,9	08710	22,2	08353	24,5	07998
	10159		09790		09425		09063		08702		08346		07990
10,8	10151	13,1	09782	15,4	09417	17,7	09055	20,0	08694	22,3	08338	24,6	07982
	10143		09774		09409		09047		08687		08330		07975
10,9	10135	13,2	09766	15,5	09401	17,8	09039	20,1	08679	22,4	08322	24,7	07967
	10127		09758		09394		09032		08671		08314		07960
11,0	10119	13,3	09750	15,6	09386	17,9	09024	20,2	08663	22,5	08306	24,8	07952
	10111		09742		09378		09016		08656		08298		07944
11,1	10103	13,4	09734	15,7	09370	18,0	09008	20,3	08648	22,6	08290	24,9	07936
	10095		09727		09362		09000		08640		08283		07929
11,2	10087	13,5	09719	15,8	09354	18,1	08992	20,4	08632	22,7	08275	25,0	07921
	10079		09711		09347		08984		08625		08268		07914
11,3	10071	13,6	09703	15,9	09339	18,2	08976	20,5	08617	22,8	08260	25,1	07906
	10063		09695		09331		08968		08609		08252		07899
11,4	10055	13,7	09687	16,0	09323	18,3	08961	20,6	08601	22,9	08244	25,2	07891
	10046		09679		09315		08953		08594		08237		07883
11,5	10038	13,8	09671	16,1	09307	18,4	08945	20,7	08586	23,0	08229	25,3	07875
	10030		09663		09299		08937		08578		08221		07867
11,6	10022	13,9	09655	16,2	09291	18,5	08929	20,8	08570	23,1	08213	25,4	07859
	10014		09647		09284		08921		08563		08206		07852
11,7	10006	14,0	09639	16,3	09276	18,6	08913	20,9	08555	23,2	08198	25,5	07844
	09998		09631		09268		08905		08547		08191		07836
11,8	09990	14,1	09623	16,4	09260	18,7	08897	21,0	08539	23,3	08183	25,6	07829
	09982		09615		09252		08890		08532		08175		07822
11,9	09974	14,2	09607	16,5	09244	18,8	08882	21,1	08524	23,4	08167	25,7	07814
	09966		09599		09236		08875		08516		08160		07806
12,0	09958	14,3	09591	16,6	09228	18,9	08867	21,2	08508	23,5	08152	25,8	07798
	09950		09583		09220		08859		08500		08145		07791
12,1	09942	14,4	09575	16,7	09212	19,0	08851	21,3	08492	23,6	08137	25,9	07783
	09934		09567		09205		08843		08485		08129		
12,2	09926	14,5	09559	16,8	09197	19,1	08835	21,4	08477	23,7	08121		
	09918		09552		09189		08828		08469		08114		
12,3	09910	14,6	09544	16,9	09181	19,2	08820	21,5	08461	23,8	08106		
	09902		09536		09173		08812		08454		08099		

Gedruckt bei L. Schumacher in Berlin.

Maasse der angewandten Apparate.

Die zweckmässigsten Dimensionen sind folgende:

Das linke Gestell hat vom Boden bis zum Querbalken eine Höhe von 224 Cm. und eine Breite von 88 Cm.

Das rechte Gestell hat vom Boden bis zum höchsten Punkt eine Höhe von 300 Cm.; von diesen 300 Cm. entfallen 30 Cm. auf die Klötze, auf denen das Gestell steht. Die Breite beträgt 88 Cm.

Die Entfernung, in welcher die beiden Gestelle von einander stehen müssen, ist von der Qualität der Fernröhre abhängig. Man wählt selbstverständlich eine Distance, bei welcher Scala und beobachteter Meniscus bei derselben Fernrohreinstellung ein deutliches Bild liefern.

Das grosse Rad (R) hat einen Durchmesser von 35 Cm.

Der grosse Glascylinder hat eine Höhe von 110 Cm., einen lichten Durchmesser von 16 Cm.

Die Quecksilberwanne (A). Der äussere Cylinder (S. 36) hat einen Durchmesser von 21 Cm., eine Höhe von 17 Cm.; der innere Cylinder hat einen Durchmesser von 15 Cm., eine Höhe von 12,5 Cm. Der Boden der Wanne steht 70 Cm. über dem Fussboden.

Die Eudiometer (S. 8) haben im Ganzen eine Länge von 105—110 Cm. Der untere Theil (A der Fig. 4) hat eine Länge von 80—83, der obere (B) von 25—30 Cm.

Die Barometer haben eine Länge von 100 Cm. Der Theil C (Fig. 2a) ist etwa 10 Cm. lang, ebenso der Theil A; der Theil B ist etwa 80 Cm. lang. — Die Glasapparate sind von Ch. F. Geissler in Berlin; die übrigen Apparate sind vom Mechaniker Heele in Berlin und Ch. Müncke in Berlin angefertigt.

Gedruckt bei L. Schumacher in Berlin.

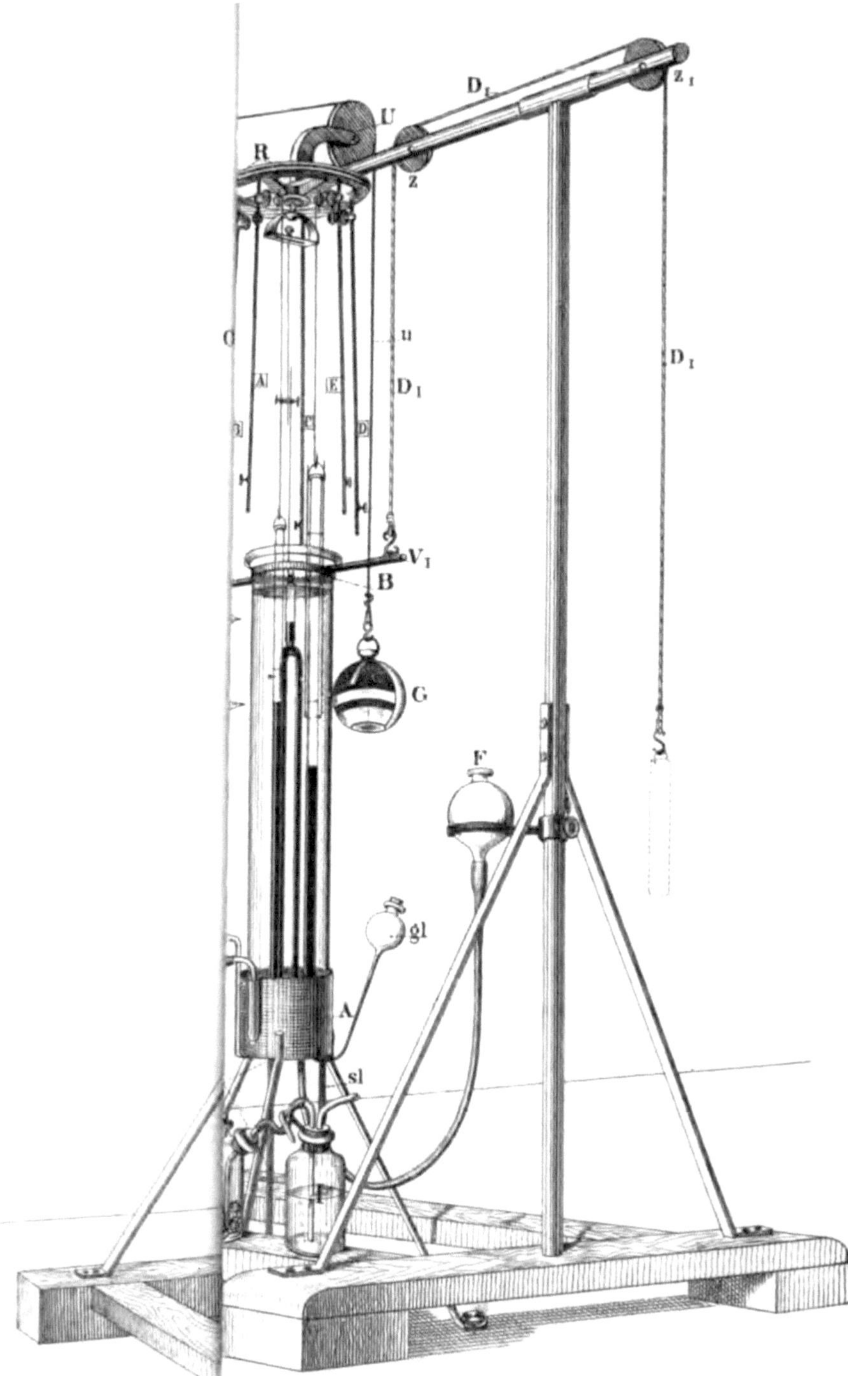

D
z
U
R
Z
C
u
D
A
E
D
V
B
G
D
F
gl
A
sl